Manuel Eichberger

Erfolg beginnt mit dem Glauben an dich selbst!
Der Weg vom Koma zum Unternehmer

Manuel Eichberger

Erfolg beginnt mit dem Glauben an dich selbst!

Der Weg vom Koma zum Unternehmer

Rediroma-Verlag

Bibliografische Information der Deutschen Nationalbibliothek:
Die Deutsche Nationalbibliothek verzeichnet diese Publikation in der Deutschen Nationalbibliografie; detaillierte bibliografische Daten sind im Internet über http://portal.dnb.de abrufbar.

ISBN 978-3-98527-210-5

www.rediroma-verlag.de
9,99 Euro (D)

Inhalt

VORWORT

Der erste Augenaufschlag. Alles neu, unbekannt und fremd. Wo bin ich?

Was ist geschehen? Vor allem: WER bin ich?

Diese Fragen klingen nicht nach dem abrupten Ende eines eigenartigen Alptraums, nachdem man schweißgebadet zuhause in seinem Bett, in gewohnter Umgebung, aufwacht und kurz einige Minuten zur Orientierung braucht, bis man sich schließlich wieder beruhigt hat und friedlich weiterschlafen kann. Es sind meine Fragen, die ich mir zu einem ganz bestimmten Zeitpunkt in meinem Leben stellen musste und dessen Antworten ich teilweise erst Jahre später oder gar nicht mehr wiederfand und alles von Neuem erlernen musste.

Ich möchte euch, liebe Leserinnen und Leser, mit diesem Buch meine persönliche Geschichte erzählen. Ich werde euch die intimsten Einblicke in meine Seelenwelt, die schmerzhaftesten Rückblicke in meine Vergangenheit sowie die besten Erfahrungen aus meinem Leben schildern. Unverblümt und schonungslos. Das ist mein persönlicher Ansporn und der Sinn dieses Werkes. Ich will jedem Einzelnen einen genauen Einblick in meinem Weg aus dem Koma bis hin zur Firmengründung schriftlich gewähren. Es war mir unglaublich wichtig, euch in schweren Zeiten aufgrund eines Schicksalsschlags, Trennung, Niederlagen jeglicher Art eine Stütze zu sein und euch in schweren Zeiten durch meine Schriften zu begleiten und euch zu zeigen, dass ihr alles - wirklich alles - auf dieser Welt erreichen könnt, solange ihr an euch und eure Wünsche und Ziele glaubt, immer fest dranbleibt und euch nicht unterkriegen lässt. Aus diesem und vielen weiteren Gründen ist es meine Aufgabe, euch einerseits eine Autobiografie meines Lebens aufzuzeigen und andererseits auch sachliche Inhalte zu vermitteln, wie ihr an euer Ziel kommen könnt.

In meiner Zeit als Dienstleister konnte ich somit die Probleme der Kunden/Innen und die der Dienstleister analysieren, um mit meiner Firmengründung eine Lösung für alle zu schaffen. Es soll sich einfach einiges ändern in der Finanzdienstleistungs-Branche, um die Kunden/Innen in jeglicher Situation zu unterstützen und auf jede Frage die richtige Antwort zu finden. Für jedes Anliegen soll gleichzeitig auch der richtige und vor allem persönliche Ansprechpartner gefunden werden, der ausschließlich im Interesse der Kunden agiert. Eine saubere Zukunft für alle und ein ökologisches sowie soziales Ziel sollen erreicht werden, um unsere Zukunft für unsere Kinder abzusichern und dafür zu sorgen, dass die junge Generation auch neben der Schule einiges über Geld lernen kann. Unser Schulsystem bringt uns leider nicht bei, wie man mit Geld umgeht oder wie wir Steuern sparen, den richtigen Kredit finden oder ein Unternehmen aufbauen. Deshalb ist es mir wichtig, euch aufzuzeigen, wie man bei null anfängt und dahin kommt, wo man sich gerne sehen würde.

In diesem Vorwort will ich mich auch bei allen Menschen bedanken, ja wirklich bei allen:

„Ich danke allen Menschen, die mich zu dem machten, der ich heute bin. Den Guten wie den Schlechten, vielleicht hatten sie nie Böses im Sinn!“

„Wenn niemand den Menschen wahrhaftig kennt mit dem er spricht, wieso soll ich ihm dann Glauben schenken?“ Genau aus diesem Grund ist es mir bei jedem einzelnen meiner Kunden/Innen wichtig, erst einmal Einblick in mein Leben zu geben. Daraufhin werden sich viele Türen öffnen und die Person neben oder gegenüber eurer selbst wird sich auch offener zeigen.

Ich möchte mit meiner Geschichte vor allem jene Menschen ansprechen, in denen auch Visionen brennen. Jene, die ebenso wie ich eine fixe Idee im Kopf haben und an deren Umsetzung sie unermüdlich festhalten. Die Welt braucht mehr von großen Veränderungen und Menschen, die etwas bewegen wollen. Es sind die Querdenker, die am meisten Veränderung schaffen können und deren Spuren sich nicht so schnell beseitigen lassen, deren Ideen nicht so rasch im Sand verlaufen.

Daher mein Appel auch an alle Jungunternehmer/Innen: Glaubt an euch! Glaubt an eure Vision, haltet an euren Ideen fest, selbst wenn es andere nicht mehr tun. Lasst euch von nichts und niemandem eure Passion zunichte machen, das Feuer, das in euch für eine bestimmte Idee brennt, niemals zum Erlöschen bringen. Ihr seid die Einzigen, die es im Gegenzug wieder zum Aufflackern bringen können. Daher haltet an eurem Vorhaben fest, sammelt Mut, eure Ideen umzusetzen.

Veränderungen bedeuten immer Mut. Ganz egal, in welche Richtung sie gehen. Ob es ein schwerer Schicksalsschlag ist, eine Trennung nach einer langen Beziehung oder die Kündigung in eurem Angestelltenverhältnis, das euch jahrelang schon nicht mehr glücklich gemacht hat. Wir alle fürchten Veränderungen, denn sie lassen uns aus unserer Komfortzone treten und bedeuten viel Neues. Neues ist dabei mit Ängsten verbunden, wir wissen noch nicht, was auf uns zukommt und wollen eigentlich an jenem festhalten, dass uns Sicherheit und Stabilität verleiht. Dabei halten wir aber allzu oft an den falschen Dingen fest, die uns nur suggerieren, sie würden uns glücklich machen. Manches Mal redet uns unser Unterbewusstsein ein, wir dürften nichts verändern, denn es wäre schon alles perfekt so wie es ist.

Daher möchte ich meiner Geschichte auch gleichzeitig die Einladung vorausschicken, euch selbst zu hinterfragen. Überdenkt eure Glaubenssätze, hört in euch hinein, was euch wirklich glücklich macht, wofür eure Flamme brennt und setzt euch Ziele – große Ziele.

Nichts ist unerreichbar, solange ihr nur an euch glaubt. Lasst euch nicht von eurem Weg abbringen – nur ihr seid dafür verantwortlich, ob ihr euch von äußeren Umständen oder Kritikern beeinflussen lasst.

Machen wir die Welt gemeinsam zu einem Ort der Selbstreflexion und Selbstverwirklichung! Wenn ich auch nur einem Gründer mit meinem Werk geholfen habe, wieder auf den richtigen Weg zu kommen, die Motivation wiederzufinden und weiterzumachen, so habe ich mein Ziel erreicht!

Und wenn ihr am Ende des Fußes eines großen Berges steht, dann schaut zu ihm empor. Betrachtet den Gipfel von unten und fokussiert euch auf den mächtigen Gebirgszug. Setzt einen Schritt vor den anderen. Immer weiter und immer höher. Manches Mal müsst ihr umkehren, denn der eingeschlagene Weg bringt euch nicht weiter. Manches Mal müsst ihr über Stock und Stein, hin und wieder legt sich euch ein Felsen in den Weg. Aber habt immer den Fokus im Auge – den größten Gipfel als persönliches Ziel.

Stellt euch vor, wie es ist, wenn ihr bereits ganz oben angekommen seid. Ihr seht über die Landschaft hinweg, die sich euch dann zu Füßen legt. Ihr könnt nach den Wolken greifen und atmet frische, klare Siegesluft ein. . .

Freiheit. Totale Stille. Absolute Zufriedenheit.

Euer Manuel

EIN UNFALL, DER MEIN LEBEN VERÄNDERTE

„Abenteuerlustig, offen, gesellig, für jeden Spaß zu haben. Aufgeweckt, sportbegeistert, das Risiko liebend. Ein echter Draufgänger. So war Manuel früher.“ Das bekomme ich zumindest aus einer Vielzahl von Erzählungen von meinen Freunden, Bekannten und meiner Familie über mich gesagt. Ob ich mich selbst so beschreiben würde? Nun ganz ehrlich, JA. Ich muss es zumindest. Mir bleibt sonst nichts anderes übrig. Selbst wenn ich noch so tief und fest in mich gehe, ich sehe nichts. Alles weg, wie ausgelöscht. Jahre meiner Jugendzeit einfach ausradiert. Keine Erinnerung, nicht eine einzige. Dabei habe ich es lange Zeit versucht, meine Erinnerung wieder zu erlangen. „Das dauert ein bisschen“, wurde mir immer wieder gesagt. Hilft es mir, wenn ich meine vermeintliche Lieblingsmusik höre – doch was höre ich eigentlich gerne? Kann ich meiner Vergangenheit wieder ein Stückchen näherkommen, wenn ich mir vertraute Gesichter ansehe – doch wer zählt zu meiner Familie und meinen Freunden? Oder sollte ich meiner Passion nachgehen, vielleicht hilft mir mein Hobby, dass ich mich wieder erinnern kann? Aber woher soll ich wissen, was ich denn gerne gemacht habe? Ich hatte alles verloren am Tag X, Halloween 2005. Meine Identität, mein Leben, meine Gesundheit. Am Vorabend hatten ich und meine Kumpels noch überlegt, was wir denn am 31. Oktober machen könnten. Was wäre denn „cool“ oder „total angesagt“ mit knapp 16 Jahren an Halloween zu unternehmen? In eine Disco gehen! Ja natürlich. Alleine schon der Nervenkitzel, ob ein paar minderjährige Jugendliche sich unter die weitaus älteren Feiernden schleichen könnten, war berauschend. Bis nach 24 Uhr zu feiern, die Nacht zum Tage machen, genauso wollen Teenager in diesem Alter feiern. Allerdings hatten wir an diesem Abend leider kein Glück, man ließ uns nicht hinein und so musste ein Plan B geboren werden. Irgendwie müssen wir schließlich Halloween gebührend feiern zudem auch die Schule vorbei und die Prüfungen bestanden waren!

Da kam einem Freund die Idee, wir könnten auf die Hütte seines Bruders fahren, um dort zu feiern. Das klang natürlich nach jeder Menge Spaß und wir machten uns auf den Weg dorthin. Der Abend war auch wirklich lustig aber vielleicht noch nicht einer rauschenden Halloween-Nacht würdig genug. Obwohl wir mit Älteren feiern konnten, was gerade mit knappen 16 Jahren eine wahnsinnige Verlockung darstellte. Generell hatten wir Respekt vor Älteren, wir wollten so sein wie sie und sahen zu ihnen auf. Was heutzutage bei vielen Jugendlichen nicht mehr der Fall ist. Dann kam dem Bruder meines Freundes, der zu diesem Zeitpunkt bereits 19 Jahre alt war, die Idee, wir könnten doch in die Hütte eines Kumpels von ihm fahren. Dort würde eine richtige Party abgehen. Natürlich waren wir alle sofort Feuer und Flamme von dieser Idee. Aber wie sollten wir dorthin kommen? Er hatte zwar ein Auto, aber bereits getrunken. Er versicherte uns aber mit überzeugender Mine, dass er wohl erst einen Radler getrunken habe und topfit sei. Vielleicht verträgt man mit 19 auch schon mehr als mit 16?

Mit unserem jugendlichen Leichtsinn und keinen Gedanken an mögliche Folgen, waren mein bester Freund und ich einverstanden, wir sahen uns an und nickten uns bejahend zu. Wir glaubten ihm, immerhin war er der Ältere und kann die Situation bestimmt einschätzen. „Okay, wenn das so ist, dann passt das so!“, erwiderten wir und der Bruder meines Freundes fuhr sogleich sein Auto vor. Er hatte einen alten VW Polo, etwas getunt, wie man es eben in diesem Alter so hat. Wir stiegen ein, um uns auf den Weg zu machen, ich, mein bester Freund und am Steuer der Bruder meines Freundes. Ich nahm dabei hinter dem Fahrer auf der Rückbank Platz, während mein bester Freund am Beifahrersitz saß. Es war ein typischer Oktoberabend, die Nebelschwaden hangen über das Tal und man konnte beinahe seine eigene Hand vor Augen nicht erkennen. Nicht gerade ideale Sichtbedingungen für eine Autofahrt zu fortgeschrittener Stunde. Die Straße verengte sich irgendwann dann auch noch und war mit unzähligen Schlaglöchern übersäht. Es war eine schmale Landstraße, die querfeldein durch einen Wald führte. Die Nebelschwaden wurden immer dichter, je weiter wir in den Wald hineinfuhren. Ich maß dem Geschehen um mich herum wenig Bedeutung bei, ich stieß mich eher an der Musikwahl und wollte einen anderen Song hören. „Hey, mach mal bitte ein anderes Lied rein!“, warf ich von hinten dem Fahrer zu. Dieser schien mit der Fahrt beschäftigt zu sein und antwortete mir kurz und knapp: „Wenn du etwas anderes hören möchtest, dann musst du schon selbst umschalten. Ich muss mich auf das Fahren konzentrieren.“ Ja, natürlich wollte ich etwas anderes hören und gurtete mich sogleich ab, um mit meinen Händen nach vorne kommen zu können.

Als ich mich nach vorne beugte, über die Schultern der beiden Insassen auf den vorderen Plätzen, wurde mein Blick abgelenkt auf den Tacho. Dieser verriet mir, dass wir gerade viel zu schnell dran waren. Ich wollte gerade meinen Finger Richtung Radioknopf bewegen, hatte diesen noch nicht ganz berührt, als es plötzlich geschah. In einer Kurve am Ende des Waldes kam das Fahrzeug von der Straße ab und wir wurden mit voller Wucht in eine Wiese geschleudert. Danach überschlug sich der Polo einige Male und ich flog durch die Heckscheibe aus dem Fahrzeug, bis es dann schließlich zum Erliegen kam. So oder so ähnlich muss es sich zugetragen haben, ich kenne den genauen Unfallhergang nur von Berichten aus Zeitungen, die einen komplett demolierten VW Polo als Header trugen mit einer Bildinschrift, die nur erahnen lässt, welches Ausmaß dieser Unfall gehabt haben musste. Zudem gab es auch ein Unfallgutachten mit einer 3D Animation, das den Tathergang rekonstruiert hatte. Ich wurde dabei aus dem Auto geschleudert, prallte gegen Bäume rollte über die Wiese und blieb in einem Graben liegen.

Ihr mögt euch jetzt vielleicht denken, dass ich ja selber schuld bin, weil ich nicht angegurtet war, aber hierzu kann ich euch sagen, dass in diesem Moment mein Schutzengel schneller war als das Auto. Wäre ich nämlich angegurtet geblieben und hätte nicht den Drang gehabt, ein anderes Lied zu hören, wäre ich laut Gutachten im angeschnallten Zustand entweder querschnittgelähmt oder tot, weil es mir das Dach des Polos ins Genick gedrückt hätte. Mein bester Freund hingegen wurde im Fahrzeug eingeklemmt und musste von der Feuerwehr aus dem Wrack befreit werden.

Donnerstag, 3. November 2005 **AUS DEN GEMEINDEN** ALA

Muggenthalerstraße bis morgen gesperrt

Tittling (red). Die Muggenthalerstraße ist seit gestern bis morgigen Freitag gesperrt. Wegen der Asphaltierung muss der Verkehr großräumig umgeleitet werden. Anlieger können bis zur Baustelle fahren.

Halloween-Gruppe besprüht Wände

Salzweg (red). Eine Garagenfassade haben vermutlich Mitglieder einer Halloween-Gruppe am Montag gegen 18.30 Uhr mit einem großen schwarzen Punkt beschmiert. Da kurz zuvor ein zirka 10-jähriger Junge an der Haustüre geklingelt hatte und die Geschädigte ihm jedoch erklärte, dass sie gegen den Halloween-Brauch ist, geht die Polizei davon aus, dass der Bub den schwarzen Punkt aufgesprüht hat. An die Hauswand eines Nachbarn hat ebenfalls jemand einen schwarzen Punkt gesprüht.

Reifenstecher: Zeugen gesucht

Büchlberg (red). In der Nacht zum Dienstag ist an einem geparkten Mazda in der Weihergasse der rechte Vorderreifen zerstochen worden. Der unbekannte Täter hat das bereits einmal getan. Der entstandene Sachschaden liegt bei rund 100 Euro. Wer hat etwas beobachtet? Hinweise nimmt die Polizeiinspektion Passau unter ☎ 0851/9511-0 entgegen.

Mit Alkohol am Steuer: Zwei Schwerverletzte

Salzweg (rem). Seine zwei jugendlichen Beifahrer sind bei dem Unfall verletzt worden, den ein 18-jähriger Pkw-Fahrer aus Salzweg am Montag um 23.20 Uhr auf der Gemeindestraße von Judenhof in Richtung Straßkirchen verursacht hat. Bei starkem Nebel und nicht angepasster Geschwindigkeit kam er nach Angaben der Polizei in einer leichten Rechtskurve nach links von der Fahrbahn ab und fuhr in die dortige Böschung. Der VW Polo überschlug sich. Ein auf dem Rücksitz sitzender 15-Jähriger wurde aus dem Fahrzeug geschleudert und blieb bewusstlos in einer Wiese liegen. Ein weiterer 14-jähriger Beifahrer wurde bei dem Unfall im Fahrzeug eingeklemmt und musste von den Feuerwehren Thyrnau und Salzweg mit dem Rettungsspreizer aus dem Wrack befreit werden. Beide Jugendliche wurden mit schweren Verletzungen ins Klinikum Passau eingeliefert. Der Unfallverursacher hingegen kam glimpflich davon. Ein durchgeführter Alkotest ergab bei ihm eine überhöhte Alkohol-Konzentration, für die er sich nun zu verantworten hat. Der Sachschaden beträgt nach Schätzungen der Polizei 1000 Euro. (Foto: Resch)

Während der Unfalllenker Gott sei Dank glimpflich davon kam, wurden mein bester Freund und ich mit schweren und teils lebensbedrohlichen Verletzungen ins Krankenhaus eingeliefert. Ab diesem Zeitpunkt war nichts mehr so, wie es einmal war. Ich war einige Wochen im Koma. Selbst die Ärzte glaubten nicht mehr an meine vollständige Genesung und mussten meiner Mutter mitteilen, dass es sein könnte, dass ich nie wieder so wie früher werden könnte. Diese Worte waren ein regelrechter Schlag ins Gesicht für meine Mutter! Es war das Schlimmste, was man Müttern und Freunden erzählen konnte. Ab diesem Moment jedoch begann eine wundervolle Zeit für mich selbst – die spirituelle Reise zu meinem scheinbar wahren ICH!

DIE REISE ZU MIR SELBST

Ich lag im Koma, in einem Krankenhausbett mit unzähligen Schläuchen an meinem Körper, die geradewegs zu lebensnotwendigen Maschinen führten. So nahm mich zumindest der Besuch war, meine Freunde und meine Mutter, die mich im Krankenhaus besuchten. Bestimmt war es eine gedrückte Stimmung an meinem Krankenbett, die Luft prall gefüllt aus Ängsten, Sorgen und Kummer um mich. Eine unschöne Atmosphäre, die sich meinen Besuchern bot, die mit Ungewissheit und Machtlosigkeit alleine gelassen waren. Während sich im Außen also ein Bild des Schreckens bot, sah es in mir drinnen ganz anders aus!

Ich fühlte mich wie in Wolken gebettet. Ein warmes, angenehmes Gefühl durchströmte meinen Körper. Es war ein überwältigendes Gefühl, ich war befreit, beinahe schwerelos in diesem Zustand. Anfangs schien es mir, als würde ich träumen. Es war ein wundervoller Traum, der von Leichtigkeit und Sorglosigkeit geprägt war. Einer von jenen, bei denen man am liebsten nie wieder aufwachen und ewig in dem Zustand verharren wollen würde. Es war alles finster um mich herum, bis sich plötzlich ein Sternenhimmel um mich herum befand. Ich war alleine mit mir, meinen schönen Gedanken und dem Universum.

Ich war an diesem Ort festgefroren und dennoch wollte ich gerade nirgendwo lieber sein. Raum und Zeit waren angehalten. Ich konnte mich nur auf mich fokussieren und auf meine wundervollen Erinnerungen. Sie erschienen mir wie eine Art unendliche Filmrolle, wie zwei Filmstreifen links und rechts, deren Negative auf eine unglaubliche Erinnerung hinwiesen, die festgehalten wollen würde. Eine von jenen, die man aus den nostalgischen Kameras von früher noch kennt, die man bei der Entwicklung ausrollen musste und schon einen kurzen Blick auf deren festgehaltene Freude erhaschen konnte. Und ich sah viele glückliche Momente auf diesen beiden Rollen. Meine Lebensstationen. Als ob sich meine besten Momente, meine innigsten Gefühle und mein ganzes Leben vor mir gerade ausrollen würden. Ich konnte meiner Kindheit zusehen, wurde Zeitzeuge meiner Vergangenheit. Auf der einen Seite konnte ich alle glücklichen Begebenheiten wiedererleben und auf der anderen Seite schilderten mir sich meine unglücklichen Momente. Ob sie alle real waren, kann ich nicht sagen. Das war aber auch in dieser Sekunde belanglos, denn ich wollte diese Zeitreise meines Ichs miterleben. Ich war wie gefesselt von den Eindrücken und den vielen einzelnen Bildern, die sich auf magische Art und Weise, wie bei einem Puzzle - Spiel, zu Bildrollen zusammenfügten. Jedes hatte dabei seinen fixen Platz auf der Filmrolle und in meinem Leben. Spielerisch, mit kindlicher Unüberlegtheit, formte sich eine Art Leitfaden meines Lebens und wies mir einen Steg. Ich blickte abwechselnd immer einmal nach links und einmal nach rechts, wollte keinen dieser Eindrücke missen, um vielleicht auch ein Stückchen weiter zu kommen. Das Positive aus all meinen Erfahrungen mitzunehmen und an ihnen zu zehren. Ich wurde Protagonist meines eigenen Lebens und durfte es zweimal mit- und erleben. Irgendwann, an der Station meines Unfalls angekommen, riss die Filmrolle plötzlich ab. Die bunten Bilder verschwanden, es wurde finster um mich herum. Tiefschwarz. Aber es war keine Dunkelheit, die mir Angst machte, sondern eine beruhigende, zufriedene Schwärze, welche mich in ein absolutes und höchstes Gefühl der Glückseligkeit eintreten ließ. Plötzlich tat sich in der Ferne ein Lichtstrahl auf und formte einen Kreis. Es wurde hell am Ende des großen Schwarzen. Ich musste intuitiv diesem Licht folgen, es zog mich magisch an. Ich hatte keine Chance mich zu wehren, ich wollte mich auch gar nicht widersetzen. Das Licht wurde immer heller und heller. Es war beißend und so grell, dass ich meine Augen kaum mehr offenhalten konnte. Ich fand mich plötzlich auf einer wundervollen Wiese wieder. Inmitten des satten Grüns, vom Horizont der großen Fläche verschluckt, thronte ein wunderschöner Baum. Die Landschaft war atemberaubend, die vielen blühenden Blumen tanzten ihren Reigen und wippten mit ihrer bunten Blütenvielfalt sacht im Wind umher. Meine Augen konnten sich an dieser Umgebung kaum sattsehen, das Grün lud meine Batterien auf, die farbenfrohen Blumen schmeichelten meiner Seele und der starke Baum in der Mitte gab mir allmächtige Kraft. Dieses Szenario hat sich so in mir eingeprägt, dass, jedes Mal, wenn ich davon erzähle, ich wieder in diesem absoluten Gefühl der Freiheit und Glückseligkeit bin. Es versetzt mich jedes Mal noch in Trance, wenn ich nur daran denke oder davon erzähle. Es war absolute Stille. Tiefe Entspannung. Auf einmal war da aus dem Nichts eine Stimme. Es war eine weibliche Stimme, die ihr Wort an mich richtete. Ich konnte sie keinem bekannten Gesicht zuordnen und dennoch wirkte sie unglaublich vertraut auf mich und löste ein Urvertrauen in mir aus, dass ich ihr bedingungslos gefolgt hätte, ungeahnt ihrer Ratschläge. Sie sprach sanft und bestimmt zu mir: „Wach auf, es ist noch nicht soweit!“. Ich konnte ihren Worten kaum einen Sinn abverlangen, so wurde ich brüsk aus dem

Traum gerissen. Die Landschaft verschwand, die Schwerelosigkeit verflog. Gegen meinen Willen und auf brutale Art und Weise wurde ich aus diesem Traum und diesen Gefühlen gerissen. Ich riss meine Augen auf und befand mich in einem Raum, starrte auf eine kühle Wand ohne Fenster. Sah an mir herunter und entdeckte hunderte Schläuche, die sich an meinem Körper entlang ihren Weg tummelten. Was war passiert? Bin ich nun in meinem eigenen Horrorfilm gelandet? Ich wusste nicht, wo ich war, konnte die Situation nicht zuordnen. Reflexartig riss ich mir mit aller Gewalt die Schläuche vom Leib und plötzlich wurde wieder alles schwarz um mich herum. Wie sich später herausstellte, haben mich die Ärzte zu diesem Zeitpunkt nochmal in ein künstliches Koma versetzt, weil ich mit den Schmerzen nicht zurechtgekommen wäre. Ich erwachte nach gewisser Zeit wieder, aber meine Landschaft war weg. So schnell, wie sie gekommen war, so schnell war sie auch wieder verschwunden. Ich fand mich in einem kühlen Raum wieder. An Händen und Füßen fixiert, mit Drähten im Mund und mit den zuvor verhassten Schläuchen am Körper.

Eine unbekannte Frau kam zur Tür hinein und erhob ihre Stimme: „Manuel, bitte bleibe ruhig!“. Es schoss aus mir hervor: „Was Manuel? Wer bin ich und was mache ich hier?“. „Du bist Manuel und du bist hier, weil du einen Verkehrsunfall hattest“, antwortete sie mir. „Was für einen Unfall? Was ist passiert?“, wollte ich von ihr energisch wissen. Bestimmt haben sich meine Wörter nicht so angehört, ich hatte unzählige Drähte in meinem Kiefer und das Sprechen fiel mir schwer. Ich stammelte einfach vor mich hin und versuchte, mich so deutlich wie möglich zu verständigen. Aber noch schwerer war es für mich, mich zurechtzufinden und die Situation zu beurteilen.

Ich wusste nichts mehr. Absolut gar nichts. Mein Gehirn schien gänzlich frei von jeglichen Erinnerungen zu sein. Wie eine Festplatte, die man soeben erst in Betrieb genommen hatte. Ein surreales Erlebnis, welches kaum mit Worten zu fassen ist. Nachdem ich kaum sprechen konnte, wollte ich alles aufschreiben, aber auch dieses Vorhaben stellte sich als unmöglich heraus. Hatte ich nicht nur meine Erinnerungen, sondern auch meine Handschrift verloren? Ich stellte mir selbst tausend Fragen, in meinem Kopf rotierte es. Was ist passiert? Wo bin ich? Wer bin ich?

Meine unendliche Gedankenspirale wurde jäh unterbrochen, als eine weitere Frau in mein Zimmer kam. „Manuel, ich bin so froh, dass du wieder da bist!", stammelte sie mit zittriger Stimme. Ich konnte ihre gläsernen Augen erkennen aber ich konnte sie keinem bekannten Gesicht zuordnen. „Wer bist du? Geh' jetzt und lass mich alleine!", warf ich ihr zu. Es war meine Mutter, die ich offensichtlich nicht erkannte. Als sie sich zu erkennen gab, antwortete ich ihr nur kühl: „Welcher Manuel bin ich? Wie heißt du und wo wohne ich?". Daraufhin musste sie einen Satz sagen, den sie in weiterer Folge immer und immer wieder wiederholen musste: „Mein Name ist Anita Eichberger und du wohnst mit mir in Kellberg." Ich konnte mich einfach nicht daran erinnern, aber dennoch durchströmte mich ein vertrautes Gefühl.

In Wahrheit konnte ich sie auch während des Komas spüren. Ich wusste nicht, wer an meiner Seite war, aber ich habe eine positive Energie gespürt. Ihre positive Energie. Ich wusste die ganze Zeit, es war immer jemand an meiner Seite. Ich war während des Komazustandes nicht ansprechbar und dennoch schien es so, als würde ich hin und wieder meine Augen öffnen. Aber mein Blick war leer, ich nahm nichts wahr. Kein Wunder, bei meinen Verletzungen. Schweres Schädelhirntrauma, Gehirnblutungen, dreifacher Kieferbruch, Thorax Trauma (Lungenembolie- und Quetschung). Durchtrennte Nervenbahnen beidseitig, Gefühlsstörungen, Gleichgewichtsstörungen… Meine Krankenakte las sich wie ein Drehbuch von Aktenzeichen XY. Ich war wieder auf dem Niveau eines Grundschülers, nichts war mehr so wie vorher. Ein totaler Reset. Als ob jemand eine Tastenkombination gedrückt hätte, die meine Vergangenheit ausgelöscht hatte. Unvorstellbar. Zurückgelassen mit der an mir nagenden Ungewissheit, dem mulmigen Gefühl in der Magengegend mir und meiner Identität gegenüber.

„Hey, Manuel, bist du wieder fit?“, hörte ich es auf einmal von der Zimmertüre ertönen. Ich blickte einen jungen Kerl an, der mir mit einem leeren Rollstuhl entgegenkam. Er wollte mich abholen, weil er wusste, dass ich in meiner Bewegung stark eingeschränkt war. Er strahlte über das ganze Gesicht und ich musste mitstrahlen. Ich kannte ihn! Tatsächlich, ich konnte ihn erkennen. Es war mein bester Freund. Eine Erleichterung machte sich in mir breit, als ich eine mir bekannte und vertraute Person entdeckte. Ich kann es bis heute nicht verstehen, warum ich meine eigene Mutter nicht erkannte und auch mich selbst nicht einordnen konnte, aber bei ihm war ich mir offensichtlich sicher. Er wusste, dass ich noch nicht wirklich laufen kann oder mich länger bewegen konnte und so sagte er zu mir, ob wir nicht eine Runde fahren wollen. Ich hatte plötzlich ein Verlangen nach Süßem. Woher dieses Gefühl kam, kann ich heute nicht mehr sagen, aber mein bester Freund zeigte hierfür gleich Verständnis und wollte sich mit mir ein TWIX besorgen gehen. Anscheinend mochte ich diese Dinger zuvor sehr gerne und ich ließ mich dazu überreden. Bald aber schon mussten wir beide feststellen, dass es mir unmöglich war, etwas zu essen mit den ganzen Drähten im Mund. Aber ein Versuch war es wert – Schokolade ist immer einen Versuch wert!

Bis zu 6 Monate musste ich übrigens noch auf leckere Naschereien und dergleichen verzichten. Ich konnte mich nur mehr von Flüssignahrung und klarer Suppe ernähren. Es versteht sich natürlich von selbst, dass ich mittlerweile diese Speisen aus meinem Ernährungsplan zur Gänze gestrichen habe. Ich kann sie einfach nicht mehr sehen.

Im Krankenhaus kamen mich immer und immer mehr Leute besuchen. Keinen einzigen von ihnen habe ich dabei wiedererkannt. Somit hatte ich unzählige First Dates sozusagen… Jeder musste mir erzählen, woher wir uns kannten, was wir erlebt haben. Spannend. Sie hätten mir auch alles erzählen können ehrlicherweise. Ich musste es ihnen glauben.

Offensichtlich hatte ich auch eine Freundin. Scheinbar die erste große Liebe als Jugendlicher. Aber auch daran erinnerte ich mich nicht mehr. Sie machte wohl, als sie erfahren hat, dass ich im Krankenhaus im Koma lag, mit mir Schluss. Ganz ehrlich – ich hätte mich mit all den Drähten und Schläuchen auch nicht attraktiv gefunden. Und eigentlich war das Absurde an der Geschichte, dass es mich nicht einmal störte – ich kannte sie ja überhaupt nicht! Wenn nur das Schlussmachen immer so einfach ginge…

„Verlieben ist einfach, Vergessen so schwer“ ist mir heutzutage wirklich bewusst geworden. Also wenn ich heute zurückblicke, war diese Eigenschaft des Komas, diese eine, die ich jetzt noch gerne beibehalten hätte. Wenn alles so einfach wäre und man nur die schönen Momente in Erinnerung behält und sich nicht an schlechten Gedankengängen festhält.

Ich wollte relativ rasch das Krankenhaus verlassen, musste raus hier. Unbedingt wollte ich meiner Identität auf die Schliche kommen, die Spuren meiner Vergangenheit suchen und einholen. Ich musste einfach wissen, wer ich war, wo ich gelebt hatte oder für was ich mich interessiert habe. Es war ja alles weg. Da war nichts. Weder eine Lieblingsspeise konnte ich bestimmen, noch meinen Beruf oder welche Hobbies ich hatte. Ich lernte mich also neu kennen und musste mich mit mir auseinandersetzen. Schon ein ziemlich erschreckender Gedanke, wenn man sich das recht überlegt. Die Ärzte rieten mir aber, meinem Drang nach Selbstfindung noch etwas Zeit zu lassen. An dieser Stelle frage ich euch: War es eine andere Macht, die mich am Leben gehalten hat und mir meinen Weg neu aufzeigen wollte? War es wirklich spirituell? Oder was war es? Hier gehen natürlich die Meinungen auseinander, aber ich habe es erlebt und bin der Meinung, es muss definitiv irgendetwas nach dem Tod geben. Ich würde noch einige Therapien benötigen und hätte bessere Erholungschancen im Krankenhaus oder bei unzähligen Rehabilitationsmaßnahmen. Aber ich entschied ich mich für meine eigene Rehabilitation.

MEINE EIGENE REHABILITATION

„Ich will sofort nach Hause!“, war meine Antwort auf deren Ratschlag. Meine Mutter hatte dann wohl Verständnis für meine Situation und hat alles in die Wege geleitet, damit man mich schließlich auf eigene Verantwortung entlassen hatte. Könnt ihr euch vorstellen, mit einer, euch fast fremden Frau ins Auto zu steigen und dorthin zu fahren, was sie „dein Zuhause“ nennt? Schon eine eigenartige Vorstellung, aber genauso erging es mir. Ich musste meiner Mutter einfach glauben und so fuhren wir durch eine mir unbekannte Ortschaft mit noch unbekannteren Straßen direkt zu einem Haus. Im Auto überkam mich aber plötzlich ein seltsames, mulmiges Gefühl. Einerseits fühlte ich mich irgendwie nicht mehr sicher, hatte ein beklemmendes Gefühl. Andererseits aber war mir auch alles so fremd, dass ich nicht mehr wusste, ob es tatsächlich die richtige Entscheidung war. Ich versuchte mir selbst einzureden, dass ich diese Stadt, Straßen und Kreuzungen doch kennen müsste, an jenem Fußgänger-Übergang doch bestimmt schon einmal gestanden hätte etc. Aber es kam nichts. Gar nichts. Ich machte mir was vor und dachte pausenlos daran, dass mir bestimmt mit der Zeit wieder alles einfallen würde. Ich würde halt ein bisschen Zeit benötigen, damit meine Erinnerung zurückkäme. Aber ich stand schlussendlich als komplett neuer Mensch da. Wie ein Neugeborener, der aber alle motorischen und kognitiven Fähigkeiten wiedererlangt hatte, bis auf sein Gedächtnis, seine Identität. Als wir in eine Straße einbogen, sah ich ein Haus auf der einen Straßenseite stehen, das mir irgendwie bekannt vorkam.

„Das Haus kenne ich doch! Ist das mein Zuhause?“, wollte ich von meiner Mutter wissen. „Ja, Manuel, ist es!“, sagte sie und ich konnte ihr zufriedenes und überraschtes Lächeln auf den Lippen erkennen. Ich sah vor dem Haus meinen Roller, aber konnte mit ihm keinerlei Geschichten verbinden, obwohl laut Erzählungen genau das mein Hobby und Interesse war. Ich öffnete also die Türe meines Zuhauses, aber alles war sehr fremd und ungewohnt. Zumindest hatte ich das Haus erkannt, das war schon einmal ein Anfang. Aber an alles andere war leider nicht zu denken. Daher dauerte es eine Weile, bis ich mich wieder wohlfühlte in der mir fremden Umgebung. Zurück in meinem alten Leben tauchten dann immer mehr und mehr Fragen auf, auf die ich gerne eine Antwort gehabt hätte. Sehnlichst hätte ich einfach mein altes Leben zurückgehabt. Ich wollte wieder ich sein, was auch immer das bedeuten würde. Was war vor dem Unfall passiert? Was ist an jenem Abend passiert? Was habe ich gemacht, welche Schule hatte ich besucht? Wie war ich zuvor? Menschlich? Charakterlich? Ich habe diese Fragen jedem gestellt, der vorgab, mich zu kennen. Ich wollte Klarheit finden und Antworten haben. Aber eigentlich wollte ich diese Antworten dann doch nicht hören – ich könnte sie ja ohnehin weder zuordnen noch beurteilen. Ich habe viel geweint, bin in eine stark depressive Stimmung verfallen. Unbedingt wollte ich mit aller Kraft mein Leben zurückhaben, meine Erinnerung und meine Persönlichkeit. Aber so sehr ich es auch versuchte, es war nicht daran zu rütteln. Meine Vergangenheit war weg. Unwiderruflich gelöscht. Ich hatte mich abgeschottet, mich verkrochen und wollte einfach nur alleine sein. Alleine mit mir und meinem neuen Ich. Langsam wurde mir klar, dass ich mit der neuen Situation einfach zurechtkommen müsste, ich hätte keine andere Wahl. Dies war der Beginn meines Kampfes. Ein harter Balanceakt aus Verzweiflung, Hoffnung, Frust. Oftmals war ich kurz vor dem Aufgeben, wollte alles hinschmeißen. Es hatte sowieso keinen Sinn mehr. Dann wiederum entfachte in mir der Kämpfergeist und ich wollte mich zurück ins Leben kämpfen. Um jeden Preis. Schreiben, Lesen, alles musste ich neu lernen. Diese Phase war eine der schwierigsten für mich und wahrscheinlich auch für meine Mitmenschen. Aber sie war auch eine der lehrreichsten. Ich habe viel daraus gelernt und konnte viel für das Leben mitnehmen. Tatsächlich musste ich mich viel mit mir selber beschäftigen, musste auch kurzzeitig meine Umwelt komplett ausblenden, um mich voll und ganz auf mich zu fokussieren. Ich erkannte dann erst später, wie wegweisend die Zeit im Koma und die Selbstfindungsphase für mich waren. Seitdem sehe ich die Welt mit anderen Augen. Weiß, dass man auch einfach einmal abschalten muss, dass es nicht immer nur um Macht und Geld geht. All das ist nichts, wenn man sich selber nicht kennt. Ich habe gelernt, viel zu reflektieren und tatsächlich hilft mir dabei die Natur sehr. Immer, wenn ich mich vom Stress befreien möchte, abschalten muss, um mal runter zu kommen, dann gehe ich raus in die Natur und finde in den Bäumen oder den zwitschernden Vögelchen meine Kraft. Ich kann meine Akkus wieder auftanken und sofort durchströmt wieder dieses wohlig-warme Gefühl meinen Körper, wie ich damals auf der wunderschönen Blumenwiese stand mit dem mächtigen Baum. Ich muss an dieser Stelle auch erwähnen, dass all das Gute dieser Welt und der Natur erst nach vielen Jahren von mir erkannt wurde. Dazu kommen wir in den nächsten Kapiteln zurück und ich erkläre euch, warum das so war.

SICH AUSPROBIEREN UND NEU ERFINDEN

Ich bin mir sicher, man kann sich als Leser nicht einmal ansatzweise vorstellen, wie das Leben für mich ohne Identität war. Ständig auf der Suche nach Antworten, die ich mir selbst nicht geben konnte. Ich musste mich daher auf meine Freunde verlassen und auf ihre Erzählungen. Wir fuhren oft an Orte aus meiner Vergangenheit, die, so dachte ich, mich wieder an etwas aus meinem alten Leben erinnern würden. Hin und wieder meinte ich, einen kleinen Geistesblitz zu haben und fragte voller Aufregung meine Freunde: „Hey, kann das sein, dass wir hier waren und dies und das dort gemacht haben?“. Die Antworten waren aber leider meist niederschmetternd: „Nein, Manuel, das war leider nicht so.“ Somit kamen neue Fragen auf, nämlich jene, wie ich denn auf diesen Gedanken gerade gekommen wäre? Er käme doch bestimmt nicht aus dem Nichts? Irgendwas muss mich doch dazu verleitet haben? Ich blickte meine Freunde an und wusste nicht einmal, dass sie überhaupt meine Freunde waren. Ich musste ihnen einfach glauben. In jeder Hinsicht. Ebenso suchte ich den Unfallort auf, an dem ich mein Gedächtnis und offensichtlich auch meine letzten Jahre liegen gelassen hatte. Ich war neugierig, wollte wissen, wo sich das alles zugetragen hatte. Vielleicht würde sich das Trauma auflösen, wenn ich wieder an den Tag und an die Situation erinnert werden würde, die einfach alles veränderte in meinem Leben. Vielleicht müsste ich die Unfallstelle nur noch einmal sehen und die Ereignisse würden sich dann in meinem Kopf überschlagen? Aber leider auch dieser Ansatz bewahrheitete sich nicht, ich starrte immer und immer wieder auf die Lichtung, die schmale Straße, die auf den Unfallfotos zu erkennen war. Sie war nichtssagend für mich und es regte sich keinerlei Gefühl in mir. Es war zermürbend und ausweglos. Alles, was ich versuchte, um ein Stückchen meiner Identität und meiner Vergangenheit zurückzubekommen – es war ja schließlich meine und irgendwie hatte ich auch ein Recht darauf! – verlief ins Leere. So hatte ich entweder zwei Möglichkeiten. Aufgeben. Mich dem Schicksal hingeben oder nach Lösungen suchen. Passionen zu finden, die mich erfüllen, Dinge zu entdecken, in denen ich gut bin und die mir Spaß machen. Auch aus meiner Arbeitswelt war mir rein gar nichts mehr bekannt. Ich wusste wohl aus Erzählungen, dass ich eine Lehre zum Automechaniker angefangen hatte, mir die Arbeit offensichtlich Spaß machte und ich einmal vorhatte, mich nach der Lehrzeit selbständig zu machen. Ich hatte offensichtlich Spaß an allem, was zwei oder vier Räder hatte. Selbst Mofas und Roller gehörten dazu! Bei Rollern und Mopeds investierte ich daraufhin viel Zeit und Geld, um diese mit diversen Anbauteilen zu veredeln und aufzumotzen. Damals hat das Scooter-Tuning wie ich und meine Freunde es nannten, einen sehr hohen Stellenwert. Ich musste also etwas finden, was mir beruflich diese Leidenschaft geben kann. Vielleicht könnte mir hier die Agentur für Arbeit weiterhelfen und herausfinden, was ich wirklich kann und worin ich gut bin? Es begann auch bald schon eine wahre Odyssee an Amtsgängen und -wegen. Alle zwei Wochen besuchte ich die Agentur für Arbeit, um herauszufinden, ob sie mir sagen können, welcher berufliche Weg nun der richtige wäre für mich. Sie wollten mir unbedingt eine Arbeit zuteilen, aber ich wusste, ich war noch nicht so weit. Ich brauchte noch etwas Zeit für mich. Irgendwie ging mir das alles zu schnell, immerhin hatte ich mich selbst erst seit wenigen Monaten wieder! Zudem liefen immer noch viele Therapien und Reha-Maßnahmen nebenbei und würden mich auch noch eine Weile auf meinem Weg begleiten. Ich wollte mir noch eine kleine Schonfrist geben, die Zeit effektiver nutzen, um mehr über mich zu erfahren. Dann jedoch kam schon bald ein Anruf von meinem damaligen Meister, bei dem ich die Lehre begonnen hatte. Er wollte mir die Chance geben, diese wieder aufzunehmen. Offensichtlich hatte man in meiner ehemaligen Arbeitsstätte mein Potential erkannt und wollte mich gerne wieder zurückhaben. Ich wollte dem eine Chance geben und so fing ich erneut die Ausbildung dort an. Am Anfang wurde ich auch irgendwie mit Samthandschuhen angefasst, doch schon bald merkte ich, dass ich noch lange nicht so weit war. Ich hatte keine Ahnung mehr, wie denn die Prozesse und Arbeitsabläufe im Betrieb waren. Die Abwicklung des Kundendienstes am Fahrzeug war eine wahrliche Herausforderung, ich wusste nichts mehr. Aber dabei blieb es nicht. Am meisten niederschmetternd war es dann für mich in der Berufsschule. Ich kannte das Lernen nicht mehr, wusste nicht, wie es funktionieren sollte und auch meine kognitiven Fähigkeiten waren so stark eingeschränkt, dass ich es nicht schaffte, mit den anderen mitzuhalten. Ich konnte mir nichts merken, meine Schäden waren zu groß, mein Gehirn schien keine Schnittstelle mehr zu meinem Gedächtnis zu haben. Ich wollte diese Ausbildung unbedingt und desto enttäuschter war ich, als ich sah, dass es einfach nicht mehr funktionierte. Die Lehrer in der Berufsschule kannten mich und haben mich auch immer unterstützt. Sie wussten wie lernstark ich vor diesem Unfall war und haben mir immer gut zugeredet. Durch diese positiven Zusprüche war ich jedoch in mir selbst am Boden zerstört, weil es mich immer traurig machte, dass es nicht mehr wie früher ist und ich mich nicht daran erinnern kann. Meine depressiven Verstimmungen nahmen zu.

Eines Tages sollte dann der Tag gekommen sein, an dem ich mir endgültig eingestehen musste, dass ich in meinem alten Beruf einfach keinerlei Chancen mehr hatte. Ich war gerade am Basteln an einem Auto, hatte die Ölablassschraube geöffnet und musste kopfüber arbeiten, um das Öl zu wechseln. Auf einmal wurde mir wieder schwarz vor Augen. Ich bin unter dem Fahrzeug einfach zusammengesackt und weggetreten. Mein Gehirn konnte offensichtlich diese Position nicht zuordnen. Abermals wurde mir die Schwere meines Unfalles bewusst und welche Schäden ich davongetragen hatte, auch wenn man mir vielleicht äußerlich nicht mehr viel anmerkte. Das war dann endgültig das Aus für meine berufliche Laufbahn als Mechatroniker. Ich musste es akzeptieren, ich konnte diese Arbeit nicht mehr ausüben.

Ich trat also wieder auf der Stelle, war genau dort, wo ich angefangen hatte. Eine neue Idee musste her, ein anderer Job, eine andere Tätigkeit. Wahrlich probierte ich mich durch viele Bereiche, ich wollte unbedingt Klarheit bekommen, was denn noch für mich in Frage käme.

Irgendetwas muss es doch auch für mich geben!

In der Zeit, als ich die Jobs beinahe so oft wechselte, wie mein Unterhemd, die aber allesamt auch nicht funktionierten für mich, kamen meine Freunde und ich auf die Idee, Musik zu machen. Damals war es irgendwie gerade en vogue, dass sich junge, musikalische Menschen zusammentaten und eine Gruppe formierten. Sie sangen dann ihre meist selbstgeschriebenen Liedertexte in diversen Abendlokalitäten vor und ich hatte immer große Bewunderung dafür. Generell reizte mich das Thema, wie man denn über Nacht plötzlich berühmt werden konnte. Vielleicht wäre Musik auch etwas für mich und könnte mich aus dem Dilemma des unendlichen Jobwechselns und Durchprobierens befreien?

Bald schon aber wurde ich von der Agentur für Arbeit ins Berufsbildungswerk in Waldwinkel in der Nähe von Chiemsee vermittelt. Dort wollte man einen erneuten Anlauf starten, um mich beruflich wieder auf die Beine zu stellen. Ich war dankbar für jede Hilfestellung, die mich irgendwie auf der Suche nach meiner Identität weiterbringen konnte. Tatsächlich schien man mir dort auch sagen zu können, wofür ich denn Begabung und Interesse habe. Entweder würde man mich im Mediendesign sehen oder aber in der Zerspanungstechnik. Ersteres kam aber für mich nie in Frage – auch wenn ich mich tatsächlich für Mediendesign interessierte und hier durchaus auch Talent mitbrachte. Aber ich wollte keinen Bürojob, das schien mir damals als junger Mann nicht der richtige Weg für mich zu sein. Ich schrieb diesem Beruf feminine Attribute zu – und wie ihr sicher erahnen könnt – war das in meinem Alter genau das, was ich nicht haben wollte. Die handwerkliche Alternative hingegen sagte mir schon eher zu. Als Zerspanungsmechaniker würde ich vor der Maschine stehen und müsste nicht kopfüber arbeiten. Das wäre also gesundheitlich durchaus machbar für mich. Mir wurde dann direkt vor Ort ein Ausbildungsplatz angeboten – weit entfernt von meinem Zuhause. Ich überlegte nicht lange, bis mir klar wurde, dass ich für ein Internat noch nicht bereit wäre. Ich hatte vor kurzer Zeit erst wieder zumindest einige Strukturen zurück in meinem Leben, ich wollte das nicht wieder alles umwerfen und erneut von Null beginnen. Der Gedanke, jeweils nur an den Wochenenden zu meiner Mutter und meinen Freunden fahren zu können, sagte mir überhaupt nicht zu in meiner Situation und daher musste ich dieses Angebot ausschlagen.

Während der kurzen und schließlich doch wenig erfolgreichen Zeit im Bildungswerk lernte ich aber jemanden kennen, der meine, erst kürzlich für mich entdeckte Passion für Musik, teilte. Er war Rapper und wir setzten uns gleich zusammen und fingen an, gemeinsam Songtexte zu verfassen. So widmete ich den ersten Song gleich meiner damaligen Freundin, die erste Freundin, die ich übrigens wieder nach meinem Unfall hatte. Drei Jahre waren wir zusammen, bis sie die Beziehung beendete. Ein fabelhafter Zeitpunkt natürlich! Alles, wofür ich gekämpft hatte, mir wieder ein Stück Normalität und Lebenslust zurückerobert hatte, war dann wieder von einem auf den anderen Tag verloren. Ich war dadurch tatsächlich wieder am Boden der emotionalen Leere angelangt, wenngleich ich das nicht unbedingt immer so zeigen konnte. Ich wollte meinen Kummer aber niemals an andere abwälzen oder sie damit unnötig belasten. Ich machte das alles mit mir aus. Zudem war ich auch der Meinung, dass ich es mit mir selbst ausmachen muss, ich selbst müsste mich mit meinem inneren Schmerz duellieren. Dieser Kampf wäre einzig und allein für mich bestimmt.

„All die Jahre hab' ich hier und dort Stücke meines Herzens gelassen und nun ist kaum mehr genug davon übrig um weiterzumachen. Doch ich zwinge mich zu lächeln, weil ich weiß, dass mein Ehrgeiz mein Talent bei weitem übertraf."
(Zitat aus dem Film Blow)

Ich konnte so also meinen Trennungsschmerz in Liedtexten verarbeiten und meinen Gefühlen Ausdruck verleihen. Schnell bemerkte ich, dass das der richtige Weg war, der mir half, über die Trauer und den Schmerz zu kommen. Ich fing sodann an, Beats zu produzieren über verschiedene Programme am Laptop. Das Wissen hierzu eignete ich mir mittels diverser Erklär-Videos auf Youtube und dergleichen selber an. Ich wusste, meine Bekanntschaft aus dem Berufsbildungswerk würde eher einen Beattexter suchen als einen Songwriter. Ich spielte meine eigenen Kompositionen meinen Freunden vor, die großen Gefallen an ihnen fanden. Es war ein schönes Gefühl, zu wissen, dass man etwas kann, dass man in etwas gut ist. Diesen Eindruck hatte ich nach dem ewigen „Jobhopping" leider zur Gänze verloren. Vielleicht war es auch kein Zufall, dass ich auf den Rapper im Berufsbildungswerk traf. Es war eventuell ein Zeichen, dass ich an meinem Selbstwertgefühl arbeiten sollte und mich wieder hochziehen musste aus der Trauerspirale und den Depressionen. Manches Mal begegnet man gewissen Menschen gerade zum richtigen Zeitpunkt – und das soll dann auch so sein! So kam es bald, dass einer meiner selbstkreierten Beats wunderbar zu einem Lied passte. Es folgten sogleich Studioaufnahmen und ich war hin und weg von dem Endergebnis. „Wow, echt geil!", waren meine Worte damals, als ich den fertigen Song hörte. Aber es war nicht nur das Lied selbst und das Werk, das wir gemeinsam erschaffen hatten und mich gefesselt hatte. Vielmehr war es die Tatsache, dass mir der Song meinen Schmerz nahm, den ich solange mit mir herumgetragen hatte. Alles richtig gemacht! Endlich. Ich habe den Song gefühlt hunderte Male angehört, mitgesungen und auch meinem Freundeskreis präsentiert. Ihre Reaktionen waren einfach nur überwältigend. Eigentlich rechnete ich mit zwiespältigen Meinungen, da Musikgeschmäcker immer verschieden sind, aber es waren alle restlos begeistert und lobten meine Arbeit! Ich hatte also etwas gefunden, das mir lag! Etwas, worin ich gut war, nicht nur in meinen Augen, sondern auch für andere. Plus, ich hatte eine Art Katalysator für meine Gefühle gefunden. Das war der Hammer! Ich musste dem einfach weiter nachgehen und fragte bald auch meine Freunde, ob sie nicht Lust hätten, eine Gruppe zu bilden. Ich würde mich wieder um die Beats kümmern, sie würden die Liedertexte schreiben. Singen würde dann jeder für sich und seinen Part. So hingen wir dann viele Nachmittage und Abende in der Wohnung eines Freundes, steckten unsere Köpfe zusammen, schrieben Zeile für Zeile von weiteren Songtexten und produzierten Beats. Auch ich wollte Songtexte schreiben, erkannte aber bald, dass ich besser darin war, Beats zu kreieren und bündelte meine Energie in diese Richtung. Bald schon packte mich der Ehrgeiz, ich musste an der Sache, an der ich offensichtlich gut war, weiterarbeiten. So kam es, dass ich das anfängliche, gemeinsame Musizieren dann schon bald ziemlich ernst nahm und ich damit liebäugelte, eine Musikkarriere einzuschlagen. Ich sah mich als Rapper oder Musiker und habe viel Zeit und Energie in meine Vision investiert. Aber bald schon wurden die gemeinsamen Musiknachmittage kürzer, die Abende blieben komplett aus und unsere erst frisch gegründete Musikgruppe verlief sich im Sand. Irgendwie hatten alle meine Freunde und Bandmitglieder nacheinander Freundinnen kennengelernt und legten den Fokus dann auf andere Dinge. Das Musizieren wurde für sie immer nebensächlicher. So trennten wir uns als Band relativ rasch wieder. Übrigens genauso schnell trennten sich auch meine Beziehungen, die ich immer und immer wieder aufzubauen versuchte nach meinem schweren Unfall. Jedes Mal dachte ich an die große Liebe und übrig blieb nicht mehr als ein weiterer Songtext in meinen Ohren. Dabei war ich tatsächlich das ein oder andere Mal richtig heftig verliebt, aber offensichtlich war es jugendliche Schwärmerei, die über die Verliebtheitsphase nicht drüber hinwegkam.

Bestimmt kennt auch ihr das, wenn man sich als Jugendlicher oft mit seinen Kumpels sagt, man würde immer miteinander abhängen und nicht zulassen, dass sich andere Prioritäten zwischen die Freundschaft drängen? Man schwört sich heiß und innig, dass sich die gemeinsamen Wege nie trennen werden, man beruft sich darauf, nie erwachsen zu werden oder sich weiterzuentwickeln. Man möchte immer in dem unbeschwerten Moment verharren, in dem man sich einfach nur zum Quatschen trifft, einfach nur miteinander „abhängt“. Aber irgendwann wird sich das ändern. Man verlässt die gemeinsame Schule, erste Freundinnen tauchen auf und werden plötzlich interessant und die gemeinsamen Wege trennen sich zusehends voneinander. Ist das der Preis vom Erwachsenwerden? Bedeutet dieser Schritt gleichzeitig auch Trennung von geliebten Menschen? Egal ob es die besten Freundschaften sind oder die vermeintlich große Liebe? Irgendwann geht jeder seines Weges, er nimmt die Abzweigung auf der gemeinsamen Kreuzung des Lebens. Vielleicht soll das auch so sein? Was ist denn eigentlich schon die wahre Liebe? An was kann man sie denn festmachen? Gibt es hier klare, unverkennbare Anzeichen? Oder gar eine Glücksformel, die uns dazu hinführt?

Es gibt Menschen, die erwarten von einem Partner, dass er sie glücklich macht. Sie legen ihr Schicksal und ihr Wohlbefinden in dessen Hände. Aber die wahre Liebe soll einen doch komplettieren und ergänzen, nicht aber so unter Druck setzen. Es liegt nicht an anderen, wie wir uns fühlen oder ob wir glücklich sind. Diese Verantwortung können wir nicht auf jemand anderen abwälzen, diesen Rucksack müssen wir selbst tragen und lernen, ihn mit den Dingen zu befüllen, die uns Spaß machen und uns erfüllen. Erst dann können wir auch für einen anderen Menschen zu einem Zufluchtsort werden. Liebe ist die uneigennützige Aufgabe, einen Raum zu schaffen, damit der andere sein kann, wer er ist.

DIE SCHATTENSEITEN MEINER SELBSTFINDUNG

Ich wollte mich während der Zeit meiner vergessenen Identität neu erfinden. Sei es durch Hobbies, Freundinnen oder berufliche Veränderungen. In allen Bereichen probierte ich mich wahrlich durch. Immer mit Leidenschaft, ich machte nie etwas halbherzig. Aber nicht alles war zu meinen Gunsten und nicht überall hatte ich Talent in dem, was ich tat. Daher musste ich auch irgendwie auf mein Selbstwertgefühl achten, es aufbauen und pflegen, wenn ich wieder einmal eine seelische Niederlage zu verzeichnen hatte. Ich musste also etwas finden, das mir – neben der Musik, die nur kurzweilig war – sofort im Moment guttat. Etwas, das mich gleich wieder nach oben brachte und mich aufbaut.

Auch konnte ich die ewigen Tests, die man immer noch mit mir machte, die vielen Doktoren, die sich an mir übten und die Krankenhäuser nicht mehr von innen sehen. Ich brauchte hier also Ablenkung. Die sollte ich auch bekommen, schneller als mir lieb war und in einem Umfang, in dem es auszuufern drohte, wie ich schon relativ rasch erfahren sollte. Dazu muss ich etwas ausholen und die Grundlage schaffen, die dann für meine Lebensspirale verantwortlich war. Ich hatte in der Woche am Donnerstag vor meinem Unfall noch eine Berufsunfähigkeitsversicherung abgeschlossen. Für den Fall, dass mir etwas zustoßen sollte und ich nicht mehr in meinem Beruf als Automechaniker oder Mechatroniker arbeiten könnte, so würde die Versicherung mir hier eine monatliche Rente ausbezahlen. Wahrlich ein schwacher Trost, aber wie sich im Nachhinein für mich herausstellte, ein Fluch und Segen zugleich! Ich erhielt dann am Freitag vor dem Unfall noch die fertige Police in Händen. Zu der ersten Beitragszahlung kam es aber nie, denn am Sonntag ereignete sich dann gleich der folgenschwere Autounfall. Ich hatte also noch nicht einen Cent an die Versicherung überwiesen, aber rechtlich hatte ich einen gültigen Versicherungsschutz. Somit hatte ich vollen Anspruch auf die Versicherungssumme, die mir sogleich auch monatlich ausbezahlt wurde! Ich möchte an dieser Stelle gerne betonen – nicht zuletzt aufgrund meines weiteren Werdeganges – wie wichtig solche Absicherung für die Zukunft sind. Menschen geben für alles Geld aus, monatlich. Für Autos, Abonnements, TV-Kosten usw. Aber wenn es um die Zukunft geht und um ihr Leben, dann überlegt man ab und zu zweimal, ob man das denn tatsächlich brauchen würde. In meinem Fall war diese Überlegung Gold wert!

Leider fast wahrhaftig…

Schnell fing ich an, mir von dem Geld neue Klamotten zu kaufen. Zunächst waren es nur vereinzelte Stücke, aber dann häuften sich die Käufe. Hier eine Jeans, da Schuhe und in jener Auslage sah ich noch Pullover, die man unbedingt haben müsste. Ich verfiel allmählich, ohne dass ich es mitbekam, in einen wahren Kaufrausch. Dabei waren es hauptsächlich Konsumgüter, die es mir antaten: Klamotten, DVD's, Spiele, Konsolen oder Schuhe. Ich kaufte beinahe wahllos Dinge zusammen, die ich eigentlich auch gar nicht benötigte. Es fing meist so an, dass ich in der Stadt war oder mit Freunden unterwegs und dann an dieser und jener Auslage vorbeikam. So begannen die meisten meiner

Shoppingtouren. Die Ausbeute daraus stapelte sich schon in meinem Zimmer. Aber ich konnte mich dennoch von nichts trennen. Auch wenn mein Kleiderkasten bereits zu zerbersten drohte, so fütterte ich ihn wieder und wieder mit neuen Errungenschaften. Es tat mir gut, dem Kaufdrang nachzugeben, machte mich zu etwas Besonderem irgendwie. Ich wollte herausstechen, wollte mich besser darstellen, wenn ich mir all die Dinge leisten könnte. Ich tat es aber primär für mich, es war keine reine Selbstdarstellung für andere, sondern mein inneres Bedürfnis schien danach befriedigt zu sein. Dies hielt aber immer nur kurz an und die Shopping- Exzesse häuften sich. Die Konsumgüter wurden immer kostspieliger und dabei gleichzeitig unnützer. Eine wahrlich schlechte Kombination. So hatte ich bald eine Ansammlung an DVD's zuhause, die ich bis heute noch nicht einmal ausgepackt habe. Die ein oder andere Uhr liegt im Schrank, die nie mein Handgelenk verziert hatte.

Bald schon bekam meine Mutter mit, dass mit mir irgendwas nicht stimmte, aber sie brachte es nicht übers Herz, mir die Käufe zu verbieten. Sie konnte ja sehen, dass sie mir irgendwie auch kurzzeitig ein Glücksgefühl gaben und so hielt sie das Geld auch nicht zurück. Sie hat zwar die Finanzen verwaltet, aber auch sie hatte kein wirklich gutes Händchen dafür, was meine Kaufsucht noch begünstigte. Sie wollte einfach alles dafür tun, um mich glücklich zu sehen.

Wie ich später dann erfahren habe, ist diese Kaufsucht aber ein typisches Symptom für Menschen, die lange im Koma gelegen haben. Ich war also durchaus kein Einzelfall. Man vermutet dahinter Bewusstseinsstörungen, ausgelöst durch das schwere Schädelhirntrauma. Ein schwerer Trost mit weitreichenden Folgen. Bald schon sprachen mich Freunde darauf an, ob dieses und jenes schon wieder neu sei, woher ich denn das viele Geld habe und ob ich das wirklich alles benötigen würde. Aber die Meinungen anderer waren mir einerlei, es fühlte sich für mich in dem Moment gut an und daher hatte ich auch nicht daran gedacht, damit aufzuhören.

Ich möchte ganz ehrlich sein, lieber Leser, in meinen 1,5 Jahren, in denen ich meinem Kaufrausch frönte, kam so eine stattliche Summe von 20.000 – 22.000 Euro zusammen – und das waren nur die Konsumgüter. Damit aber nicht genug, bald schon zog ich Autos und Mofas in meinen Bann der Begierde. Wie ich vor ein paar Seiten schon erwähnt hatte, habe ich viel Zeit und Geld in das Tuning von Rollern und Mofas investiert. Heute wenn ich mich zurückerinnere waren es 3 Roller und 1 Moped die ich mir zugelegt hatte. Viele meiner Freunde werden sich bestimmt auch heute noch daran erinnern können. Es war die Zeit der Helden, dachte ich zumindest. Das erste Auto kam so bereits lange vor dem Besitz meines Führerseines. Aber ich musste es einfach haben! Es stand anfänglich ein Jahr lang nur herum, denn der Führerschein war leider für mich nicht ganz so einfach zu bestehen. Hin und wieder habe ich es an meine Freunde verliehen, die allesamt schon älter waren und im Besitz einer Fahrerlaubnis. Insgesamt bin ich 1 x durch die theoretische und 2 x durch die praktische Prüfung gefallen, bevor ich den Schein in Händen hielt. Es war eines meiner wohl herausforderndsten Ziele, die ich mir damals gesteckt hatte. Aufgrund der Lernschwäche bedingt durch die schweren Schäden im Gehirn, fiel es mir unsagbar schwer, diese Prüfungen zu meistern. Umso befreiter war dann das Gefühl, endlich hinterm Steuer sitzen zu dürfen! Ich hatte ein echtes Erfolgserlebnis und wahre Freude an meiner neu gewonnenen Mobilität! Es hat mich wieder aus meinen depressiven Verstimmungen herausgezogen und erfüllte mich mit Lebenslust. Übrigens war es für mich in keiner Weise seltsam, selbst hinterm Steuer zu sitzen – auch nicht in Anbetracht des Unfalles. Nachdem ich keinerlei Erinnerung daran hatte, fürchtete ich das Steuer auch nicht. Auch eventuelle Flashbacks blieben gänzlich aus. Das war vielleicht das einzig Gute daran, wenn man dem Ganzen schon etwas Positives abgewinnen möchte. Mit dem Autokauf war es aber immer noch nicht getan, ich wollte ein besonders auffälliges Auto. Es war zur damaligen Zeit beinahe normal, dass man sein Gefährt tunt, das gibt es heute fast gar nicht mehr. Zumindest was Kotflügel, Spurverbreiterungen, Heckschürze und Schweller anbelangt. Heute ist diese Szene dann langsam wieder verschwunden, aber zu meiner Jugendzeit mussten Flügeltüren her, eine tolle Soundanlage für 5.000 Euro, Bildschirme für die Rücksitze, obwohl ich selber nie dort saß. Auch außergewöhnliche Felgen und kompletter Umbau der Spoiler für gesamt 16.000 Euro zierten bald schon mein Auto. Ich habe sehr viel Liebe und auch nicht zu vergessen sehr viel Geld in mein erstes Auto gesteckt! Vielleicht war das auch irgendwo tief in mir meiner Vergangenheit als Mechaniker geschuldet. Mein vierspuriges Gefährt fiel dann aber schon bald einem Unfall zum Opfer, ein entgegenkommendes Fahrzeug hatte mich frontal erwischt und ziemlich viel zerstört. Den Unfallbeteiligten ist dabei nichts passiert, aber der Schaden an meinem getunten Auto war enorm. Auch hier hatte ich wieder wahrlich Glück im Unglück!

Ich hatte das Auto über einen Versicherungsmakler versichert, der auch gleich alle Sonderausstattungen mit in die Versicherungsprämie nahm. Das wusste ich zu diesem Zeitpunkt gar nicht so genau, erst, als der erlösende Anruf kam, man würde für die gesamten Umbauten auch aufkommen, da wurde mir bewusst, wie wichtig es eigentlich ist, seine Versicherung zu kennen. Man sollte stets wissen, welche Leistungen umfasst sind und was dies in einem Schadensfall bedeuten würde. Insgesamt war das Auto samt Zubehör somit 28.000 Euro wert, die ich sogleich auch wieder als Anzahlung für den nächsten Wagen nutzte. Mein neues Objekt der Begierde sah ich dann, als ich noch als Kunde in meiner zukünftigen Ausbildungsstätte war. Zu meinem beruflichen Werdegang und wie es mit meinen Jobs weiterging, dann aber im nachfolgenden Kapitel mehr. Jedenfalls erinnere ich mich noch genau, als ich das Autohaus in Passau betrat, eigentlich noch als Kunde, erst später begann ich dann hier eine Ausbildung, und mich sofort verliebte: in einen Audi S3 Sportback. Rund 42.000 Euro sollte ich für das Auto hinlegen. Eine schöne Stange Geld, wenn man bedenkt, dass ich zu dem Zeitpunkt noch arbeitslos war. Kurioserweise kam aber gerade in dem Moment, als ich meinen zukünftigen Wagen bestaunte, der Anruf meines Versicherungsmaklers, dass die volle Schadenssumme übernommen wurde von dem Unfallwagen. Somit war die Finanzierung meines neuen Traumautos gesichert. Aber bald auch schon war mir auch dieses Auto nicht genug. Nach einer neuerlichen Trennung von meiner Freundin damals, bildete ich mir einen Audi S2 Coupé ein.

Es sollte ein Winterauto um knapp 6.000 Euro sein und mir auch irgendwie über den Trennungsschmerz hinweghelfen. Heute weiß ich, dass dieses Auto, welches ich als Winterauto bezeichnete, zum jetzigen Zeitpunkt sehr viel Wert wäre. Eine wilde und stürmische Zeit war es damals. Die Autos kamen im selben Tempo, wie meine Beziehungen dahingingen. So folgte dann später noch ein Audi TTRS um 72.000 Euro. Ein echter Neuwagen, den ich mir im 2. Lehrjahr dann als Automobilkaufmann gegönnt hatte. Teilfinanziert versteht sich. Und später dann ein Audi S3, eine Limousine, als ich bereits in der Fabrik tätig war. Vielleicht wollte ich durch die ganzen Autos auch immer mein Herz auf Reset stellen? Vielleicht dachte ich aber auch, mit einem neuen Auto würde auch eine neue Liebe kommen? Geld war für mich damals jedenfalls zweitrangig. Es war ja genug da – dachte ich zumindest immer!

DAS BERUFLICHE FUSSFASSEN NACH LANGEM AUSPROBIEREN

Nachdem ich mich gegen die Ausbildung zum Zerspanungsmechaniker entschieden hatte, welche mir damals vom Berufsbildungswerk angeboten wurde, musste ich mir eine neue Alternative suchen. Ich stieß auf eine Anzeige als Hilfsarbeiter für Schweißer-Tätigkeiten. Aber auch das war irgendwie nicht das Wahre für mich. In meiner jugendlichen Naivität dachte ich sogar, dass ich keine Schutzmaske benötigen würde bei der Arbeit und so kam es, wie es kommen musste. Ich hatte Lichtblitze vor meinen Augen und konnte in den kommenden Tagen nicht mehr in die Arbeit gehen. Ich war krankgeschrieben und somit hatte sich dieser Job auch relativ rasch erledigt, was aber tatsächlich meine eigene Schuld war. Aber im Nachhinein betrachtet hatte es mir auch nicht wirklich Spaß gemacht und ich wäre wahrscheinlich auch ohne diesen Zwischenfall nicht lange an der Sache geblieben. Dann, nur wenige Monate später, bin ich über einen guten Freund, zu meinem neuen Job gekommen. Er hatte selbst einen Werkzeugbau zu Hause also eine Metallfirma. Er hatte mir dann die Möglichkeit gegeben, bei ihm anzufangen. Ich hatte das auch mit der Agentur für Arbeit geregelt und er bekam eine Förderung für meine Wiedereingliederungsmaßnahme. Ich hatte dann somit eine Art Lehre bei ihm begonnen, ein EQJ Erstqualifizierungsjahr. Es handelt sich hierbei um eine Maßnahme, die Berufseinsteigern zur Verfügung steht, um sich zu orientieren und herauszufinden, ob diese Ausbildung denn das richtige für sie wäre. Bald aber schon fiel ich in denselben Trott wie zuvor. Die Berufsschule rückte näher und ich wusste, dies stellte ein unüberwindbares Hindernis für mich dar. Ich wurde wieder depressiv, meine Laune sank. Je mehr ich mich anstrengte, um in der Berufsschule mitzuhalten, desto mehr kam ich in die negative Gedankenspirale. Das erste Jahr hatte ich gerade noch so gerettet, wie ich das geschafft habe, wusste ich selbst nicht genau. Ich wusste aber, ich würde bald an einem weiteren Jahr des Lernens scheitern. Doch dazu kam es gar nicht mehr, denn wir schrieben 2009, das Jahr der großen Wirtschaftskrise. Die Aufträge blieben aus, die Arbeit war rar. Ich stand dann zeitweise nur noch herum, starrte Löcher in die Luft in der Arbeit und musste zusehen, wie ich mir meine Zeit vertreibe. Es war bald schon entsetzlich langweilig. Ich habe mich dann mit meinem Kumpel darauf geeinigt, dass wir das Arbeitsverhältnis lösen. Er legte mir auch diesbezüglich keine Steine in den Weg, er sah selbst, dass wir nichts mehr zu tun hatten. Also musste ich mich abermals erneut umorientieren. Dabei half mir dann schlussendlich eine Person, von der man es am wenigsten erwarten würde!

Wie man sich wahrscheinlich vorstellen kann, hatte ich neben Arzt- und Krankenhausterminen auch jede Menge Anwaltstreffen auf dem Programm. Die Schuldfrage des Unfalles musste geklärt werden und noch so viele andere Dinge auch, von denen man gar nicht vermutet, dass sie auf einen zukommen werden. Im Zuge eines Termins fragte dieser mich dann einmal, wie es mir denn beruflich ergehen würde. Er habe bereits von meiner Mutter erfahren, dass ich eine EQJ – Maßnahme begonnen hätte. Etwas niedergeschlagen musste ich ihm mitteilen, dass sich das mittlerweile auch wieder erledigt hatte.

In Selbstmitleid versunken, fügte ich noch hinzu: „Wissen Sie, ich bin einfach nicht mehr in der Lage, einen normalen Beruf auszuüben. Die Berufsschule ist eine unüberwindbare Hürde für mich geworden, da ich mich einfach nicht mehr für längere Zeit konzentrieren kann und auch das Lernen fällt mir schwer!“. Daraufhin wollte der Anwalt von mir wissen, was denn im Berufsbildungswerk herausgekommen sei. Hätte man mir dort nicht helfen können? Dort hat man doch festgestellt, dass ich als Zerspanungsmechaniker arbeiten könnte. „Klar!“, erwiderte ich wie aus der Pistole geschossen, „aber ich musste mir das einfach mal über längere Zeit ansehen, um herauszufinden, ob das das Richtige für mich ist. Ich erkannte dann, dass es eben doch nicht das ist, was ich kann oder was ich machen möchte.“ Der Anwalt nickte mir dann verständnisvoll entgegen und meinte nachdenklich: „Aber Manuel, welche Interessen hast du denn? Welche Möglichkeiten hast du denn? Käme auch ein Bürojob für dich in Frage?“. Als ich das Wort Büro wieder hörte, lief es mir wie Schauer kalt über den Rücken. Es drehte mir buchstäblich den Magen um und in meinem Kopf machten sich wieder negative Gedanken breit. Wenn ich etwas wusste – wenngleich das in Bezug auf meine berufliche Eignung nicht gerade viel war zu diesem Zeitpunkt – so war es die Tatsache, dass ich nie und nimmer in ein Büro gehen wollte.

Dies versuchte ich auch unserem Anwalt deutlich zu machen: „Ich würde gerne wieder etwas mit Autos machen. Aber KFZ-Mechatroniker scheidet aus, das hatte ich bereits erneut versucht. Im Büro wird es mir aber zu langweilig! Ich brauche etwas, das mir wirklich Spaß macht. Nur so kann ich auch meine Leistung steigern.“ Plötzlich entlockte ich dem Anwalt eine Aussage, mit der ich so nicht gerechnet hatte: „Was wäre denn, wenn du eine Ausbildung als Automobilkaufmann machen würdest? Somit hättest du die Möglichkeit, etwas mit Autos zu machen und gleichzeitig jenen Berufszweig angehen, den dir das Berufsbildungswerk vorgeschlagen hatte. Für welche Marke schlägt denn dein Herz im Moment? Ich habe wirklich gute Kontakte und vielleicht lässt sich da etwas machen?“. Ich war völlig irritiert und sprachlos. Einerseits haute mich diese Aussage um, da ich nicht damit gerechnet hatte, auf so viel Hilfestellung und Verständnis für meine berufliche Situation zu treffen – und das gerade von einem Anwalt! Andererseits war ich aber auch perplex, weil mir nie jemand von dieser Möglichkeit erzählt hatte und ich gar nicht wusste, dass es dieses Berufsbild überhaupt gab. Ich musste aber nicht lange überlegen, die Antwort auf die Frage nach meiner Lieblingsmarke fiel mir sehr leicht: „Audi! Audi, das wäre toll!“ Ich hatte ja damals selbst einen Audi und noch dazu war diese Marke in meinem Freundeskreis DIE Automarke schlechthin. In diesem Moment hatte ich wieder ein Fünkchen Hoffnung bekommen. Ich dachte wirklich an das Gute, dass es doch noch einen Beruf geben könnte, der mir Spaß machen würde und der meinen Fähigkeiten gerecht wird. Selbst die Tatsache, dass ich als Automobilkaufmann dann doch die ein oder andere Stunde in einem Büro verbringen müsste und Schreibtischaufgaben zu erledigen haben werde, machte mir in diesem Moment nichts mehr aus. Der Anwalt schürte meine Euphorie weiter an, indem er fortfuhr: „Perfekt, Manuel! Ich kenne hier einen Chef, mit dem ich persönlich noch heute oder morgen Kontakt aufnehmen werde!“. Endlich eine gute Nachricht, dachte ich bei mir. Ich war sichtlich erleichtert und voller Überzeugung, dass es dieses Mal auch klappen würde. Nur kurze Zeit nach unserer Unterhaltung, rief mich der Anwalt an und teilte mir die frohe Botschaft mit!

Tatsächlich. Er verkündete mir mit froher Stimme, dass es klappen könnte, ich aber zunächst ein Praktikum machen müsste. Das war kein Problem, nur hatte ich nichts Passendes zum Anziehen. Also lief ich schnurstracks los ins nächste Kleidergeschäft und besorgte mir Hemden und eine Anzughose. Ich wollte einen guten, ersten Eindruck machen und nicht in zerrissenen Jeans dort auftauchen. In der Tat hatte ich zu diesem Zeitpunkt kein einziges Hemd oder Anzughose. Das kann man sich kaum vorstellen, in den Unmengen an Klamotten, die sich angesammelt hatten. Modisch war ich damals eher einer anderen Richtung treu, aber ich wollte beim ersten Gespräch strahlen. Als ich ein Hemd anhatte, die Hose dazu trug und in den Spiegel der Ankleidekabine des Modehauses blickte, sah ich das Antlitz eines jungen Erwachsenen, der sich gerade auf sein neues Abenteuer vorbereitete. Es gefiel mir sogar, was ich sah. So musste ich mir selbst zulächeln und erkannte die Zielstrebigkeit in meinen Augen blitzen. Sie funkelten vor Ehrgeiz und Tatendrang. Es schien, als ob das Spiegelbild ein völlig anderer Mensch war. Mein anderes ICH, das mir gefiel!

Zuhause wollte ich gleich etwas Vorschusslorbeeren ernten und las mich in so einige Zeitschriften ein. Plötzlich erkannte ich, dass ich mir Dinge viel eher merken konnte, wenn ich sie gerne lerne und Freude dabei hatte! Der erste Praktikumstag konnte also kommen…

Der Tag rückte näher und schon bald fuhr ich zum Audi Zentrum Passau. Ich wollte mich beweisen, die Mitarbeiter/Innen und Führungskräfte dort von meinem Können und meiner Eignung zu diesem Beruf überzeugen. Der Empfang war überaus herzlich, ich bekam eine kleine Führung durch das komplette Autohaus. Man erklärte mir, dass es Sinn machen würde, wenn ich alle Abteilungen im Laufe der Lehrzeit einmal durchlaufen würde. So bekäme ich einen besseren Gesamtüberblick. Mir wurden völlig fremde Begrifflichkeiten entgegengeschleudert, die alle Bereiche von Disposition über Service zu Verkauf umfassten. Ich konnte damals noch nicht die gesamte Tragweite erkennen, was diese zu bedeuten hatten. Als dann aber zentrale Begriffe wie Werkstatt und Lager kamen, schlug mein Herz höher und ich war endgültig gefesselt von der Idee, hier meine Ausbildung zu beginnen. Endlich einmal wieder etwas mit Autos machen! Perfekt, dachte ich bei mir. Nach der Hausführung bekam ich schon meine erste kleine Aufgabe zugeteilt. In Ordnung, sagte ich mir. Ich werde bestimmt gezeigt bekommen, wie das funktionieren soll und nach welchem Schema, das gemacht wird. Da ging die Serviceleitung mit mir plötzlich Treppen hinauf ins obere Stockwerk und öffnete einen Speicher. Da lachten mich auf einmal hunderte Ordner an, die allesamt nur darauf gewartet hatten, von mir durchgenommen zu werden. Sie standen alle in Reih und Glied, nach Alphabet und Jahren sortiert. „So, Manuel, jetzt weißt du, wie die Ablage aussieht und jetzt zeige ich dir, wie man das Ganze ordentlich macht." Mir war klar, DAS war nun nicht die spannendste Aufgabe, die auf mich zukam, aber ich wollte mein Bestes geben. Wir gingen zum Service, dem Empfangsbereich des Autohauses, wo sich unzählige Stapel an Werkstattaufträgen angesammelt hatten. Ein Stapel schien dabei den anderen in seiner Höhe und Dichte übertrumpfen zu wollen. Mir dämmerte plötzlich, dass diese losen Zettel in einen der vorhin gesichteten Ordner abgelegt werden müssten. Man teilte mir einen kleinen Schreibtisch zu, der aber die ganzen Ordner aus dem Speicher gar nicht tragen konnte.

Ich habe aber diese Aufgabe erledigt und eine Lektion daraus gelernt, dass auch nicht so tolle Aufgaben eben nun zu einem Beruf dazugehören. Spannender wurde es aber dann nach einigen Tagen. Ich wurde an die Info gesetzt und ich durfte Telefonate entgegennehmen. Telefonieren gehörte nun ebenso nicht zu meiner Leidenschaft, aber auch hier biss ich die Zähne zusammen und kämpfte mich durch diesen Bereich durch. An den Begrüßungssatz, den ich mir auf Anhieb merken konnte, erinnere ich mich bis heute: „Guten Tag, Audi Zentrum Passau, Sie sprechen mit Manuel Eichberger!“. Nach einiger Zeit machte mir der Kundenkontakt am Telefon sogar Spaß, gleichzeitig merkte ich aber auch, dass es wesentlich schwieriger ist, als es anfänglich aussah. An manchen Tagen klingelte das Telefon permanent, an anderen Tagen war es wieder ruhiger. Bald schon hatte ich alle Kurzwahlnummern der einzelnen Abteilungen auswendig gelernt. Die Kundenannahme zählte dabei schon bald zu meinen Lieblingstätigkeiten. Ich machte mich gut, biss mich eisern durch und schon bald, nach ca. 5 Wochen, wurde ich in das Büro der Geschäftsleitung zitiert. Ich war unglaublich nervös, meine Knie schlotterten, meine Handflächen waren verschwitzt und meine Stimme zittrig. Ich nahm zusammen mit der Serviceleitung am großen, runden Besprechungstisch Platz und der Geschäftsführer verkündete mir: „Wir haben jetzt für einige Wochen deine Leistungen mitverfolgt und sind zu dem Entschluss gekommen, dass es unsererseits ganz schön falsch wäre, dich wieder gehen zu lassen. Du hast den Ausbildungsplatz!“. „Danke, danke und nochmals danke!“, konnte ich mit Tränen in den Augen gerade noch so aus mir herausbringen. Ich hatte ein Strahlen über das ganze Gesicht und konnte mein Glück kaum fassen. Mein erstes, großes Ziel hatte ich erreicht: Ich hatte einen Ausbildungsplatz. Das Praktikum wurde mir dann auf die Probezeit angerechnet und ich war bald schon fixer Bestandteil des Teams. Ich hoffte, dass ich so rasch wie möglich in den Verkauf kommen würde, aber hier wurde ich leider enttäuscht. Es wartete eine Schreibtischaufgabe nach der anderen, die mir dann bald auch zu monoton wurden. So ging ich zur Serviceleitung und bot meine Hilfe im Hol- und Bring - Service an. Immerhin war ich der Einzige unter den Auszubildenden, der im Besitz eines Führerscheins war. Man gestand mir diese Aufgabe zu und somit war ich eigentlich fast nur mehr mit der Fahrerei beschäftigt. Aber es war eine tolle, abwechslungsreiche Aufgabe. Ich durfte mit den tollsten Autos fahren, es waren auch superteure Sportwagen dabei. Mein Herz blühte dabei richtig auf. Aber auch mein Talent kam hier zum Vorschein. Bei den Auslieferungsfahrten hatte ich immer genau hingehört und ab und an ein Geräusch festgestellt, was nicht normal zu sein schien. So rief ich den Werkstattleiter an und berichtete ihm von meinem Fahrerlebnis. So hatte ich mich unbewusst wieder etwas in die Mechaniker-Schiene drängen können und war bei Reparaturen mit den Gesellen dabei. Aber es war mir immer noch zu wenig Verkauf. Im Laufe des zweiten Lehrjahres schnitt ich meinen Wunsch offen an. Man teilte mir aber mit, dass ich zunächst erst meine Ausbildung abschließen müsste, dann könnte ich im Anschluss bei Audi direkt eine Verkäuferausbildung angehen. Also hatte ich eine weitere Prüfung vor mir. Das dauerte mir aber alles zu lange, ich wollte direkt beim Kunden sein und so kam mir die Idee, dass ich doch Kunden/Innen beraten könnte und sie im Anschluss direkt auf einen Verkäufer verweisen würde. So tauchte zum ersten Mal der Begriff „Tippgeber“ in meiner Berufswelt auf. So kam es, dass ich nach und nach auch Kunden/Innen am Parkplatz beraten konnte. Es machte mir unglaublich Spaß und noch mehr konnte ich mich mit den Menschen freuen, denen ich die richtige Empfehlung geben konnte. Ich erinnere mich noch gut an eine junge Familie mit Kind, die sich unschlüssig war, welches Auto von zwei möglichen Modellen sie wählen würden. Meine Empfehlung fiel auf den Audi A3 Sportback, aber die Familie liebäugelte eher mit dem A4. Ich organisierte für sie beide Probefahrten und schließlich kam die junge Familie zum Entschluss, dass es nur der A3 sein konnte! Ich war stolz und zufrieden zugleich, jemanden gut beraten zu haben. Meine Ehrlichkeit und mein ernsthaftes Interesse, den Menschen beim Autokauf helfen zu wollen, sprach sich dann bald herum.

„Ist doch klar, wenn man sich 10.000 Euro gespart hat. Oder etwa nicht?“

Zudem waren mir die Autoverkäufer dankbar, nahm ich ihnen doch die ein oder andere Arbeit ab. Aber als ich eines Tages nach meinem Urlaub wieder an meinen Schreibtisch zurückkehrte, kam die Serviceleitung auf mich zu und meinte, während meiner Abwesenheit hätten

Kunden nach dem Verkäufer Manuel gefragt. Ich war irgendwie gerührt, dies zu hören, verstand aber nicht, dass die Serviceleitung daran wenig Gefallen fand: „Nein, das ist nicht toll. Du bist kein Verkäufer, du bist noch in der Ausbildung!“. Ich ließ es aber dann sein, ich wollte mir keine Probleme einfahren. Zudem wusste ich genau, dass ich ohnehin einmal verkaufen werde! Ich wollte also auch hier mein eigenes Autohaus haben und mein eigener Chef sein. Fahrzeuge so verkaufen wie ich es mir vorstellte. Ich selbst versetzte mich immer in den Kunden und habe so verkauft, wie ich es selbst aus Kundensicht auch gerne gehabt hätte. Vielleicht war es aber auch Ausdruck von Neid? Immerhin durfte ich bereits selbst Autos fahren, die man gerade nicht dem Budget eines Auszubildenden zuteilen würde. Ich wurde dann auch schon bald für die engstirnigsten Aufgaben herangezogen und konnte die neidischen Blicke sehr bald auch fühlen. Ich wollte mich dem aber nicht mehr länger aussetzen und ließ mich freiwillig in die Gebrauchtwagendisposition versetzen. Diese Abteilung war etwas entfernt vom Autohaus und somit war ich nicht mehr im Kreuzfeuer von verletztem Stolz oder anderen Befindlichkeiten meiner Kollegen/Innen, die man nur allzu gerne auf meinem Rücken austrug. Hier verweise ich gerne nochmals auf meine schulischen Leistungen, die nicht gerade gut waren, aber ich wusste, ich musste hier durch. Auch musste ich erkennen, dass uns unser Schulsystem nichts beibringt, was man später im Beruf einmal tatsächlich gebrauchen könnte.

Eines Tages, als ich wieder einmal ein Auto überführen durfte, kam ich ins Gespräch mit dem Kunden. Er wollte wissen, was ich denn im Autohaus mache, also welche Position ich innehatte. Etwas verschmitzt meinte ich, ich sei das buchstäbliche **„Mädchen für alles“**. Ich ergänzte, dass ich aber gern Verkäufer werden würde. Der Kunde wurde neugierig und interessierte sich für meine Geschichte, die ich ihm gerne darbot. Alles, einfach alles fing ich an, mir von der Seele zu reden. Der Unfall, das Koma, bis hin zur Ausbildung. Dem Kunden gefiel meine nicht alltägliche Geschichte, nicht zuletzt der Tatsache geschuldet, dass er schon einige Bücher verfasst hatte und sich vorstellen hätte können, dass meine Geschichte berühren könnte. Ich hatte davor noch nie darüber nachgedacht, wenngleich ich auch ab und an Musiktexte schrieb, aber ein Buch, das wäre etwas gänzlich Neues. So entschloss ich mich mit ihm in Kontakt zu bleiben. In diesem Moment war ich Feuer und Flamme, zudem hatte ich erkannt, mit einem Buch meine Geschichte erzählen zu können. Schlussendlich habe ich mir die Idee dann aber aus dem Kopf geschlagen. Heute bin ich sehr froh darüber, denn es würden wichtige Kapitel in diesem Buch fehlen! Kapitel, die mein Leben erst später geschrieben hatte für mich.

Außerdem hatte ich nur ein Ziel – ich wollte die Ausbildung bestehen. Ich wusste, der Weg war hier noch lange nicht zu Ende für mich, aber die bestandene Prüfung wäre ein nächster Meilenstein in meinem jungen Leben. Aber leider schien das Schicksal es hier abermals nicht gut mir zu meinen und lenkte meine Gedanken durch einen Umstand auf völlig andere Sachen. Ich hatte zu dieser Zeit gerade eine neue, langjährige Beziehung nach meinem Unfall, die gerade kurz vor dem Abschluss in die Brüche ging. Ich war Hals über Kopf verliebt in diese Frau und meine Gedanken hingen mehr an ihr, als an meinen Büchern und Prüfungsvorbereitungen. Ich wollte sogar einige Tage lang nicht aus dem Bett, ließ mich krankschreiben und hatte mich wahrlich in Selbstmitleid ertränkt. Ich war in einem neuerlichen Tief, wie damals, nach dem Unfall. Aber das wollte ich nicht zulassen! Ich musste mich wieder aufraffen.

„Heute ist ein neuer Beginn, ein neuer Anfang, ein neuer Start. Ein neues Kapitel, ein neuer Schritt in eine neue Richtung, ein neuer Tag. Und ich lass den Ballast von gestern hinter mir. Öffne meine Augen, versuche meine Ziele zu fokussieren. Sie halten mich nicht auf, kriegen mich nicht weg. Vergesse meinen Schmerz für einen Moment.“

Ich musste diese Prüfung bestehen, um danach Verkäufer werden zu können. Oder sollte ich doch lieber einen eigenen kleinen Fahrzeughandel betreiben und mich in die Selbständigkeit stürzen? Ich hatte plötzlich die Eingebung, dass ich ja schon einmal an eine Selbständigkeit gedacht hatte, vor meinem Unfall. Ich wollte herausfinden, was ich damals für Pläne hatte und sprach meine Mutter darauf an. Sie meinte ich hätte mir meine eigene Werkstatt in den Kopf gesetzt nach der Ausbildung zum KFZ-Mechatroniker. Da war mir klar, DAS ist es. Ich hatte das Ziel immer schon, nur vorübergehend hatte ich es aus den Augen verloren. Ich wollte mein eigener Chef sein und an diesem Ziel sollte ich von nun an beharrlich festhalten…

Ich und 2 meiner Berufsschulkollegen lernten gemeinsam immer in der Universitätsbibliothek. Hier hatten wir Ruhe und die beiden halfen mir beim Lernen. Gemeinsam ist es einfacher.

Der Tag der Abschlussprüfung war gekommen. Ich war müde mit gefühlt nur einer Stunde Schlaf die ganze Nacht. Mit meinen Büchern im Arm habe ich beinahe die ganze Nacht wach gelegen, ich wusste, nur so hätte ich annähernd eine Chance, mir zumindest Bruchteile von dem zu merken, was in den vielen Büchern und Manuskripten geschrieben stand. Ich war nervös, extrem aufgeregt und angespannt. Ich wusste, wie viel von dieser Prüfung nun abhängen würde. Sie wäre nun entweder der Beginn einer neuen Zukunft für mich, oder aber das Aus eines jungen Traumes meiner Selbständigkeit. Mit Energydrinks wachgehalten und völlig übermüdet trat ich also zur schriftlichen Prüfung an. Nachdem ich die ausgefüllten Zettel eingereicht hatte, überkam mich einerseits ein positives Gefühl. Ich war froh, es nun hinter mir zu haben und dachte auch, ich hätte eine gute Chance zu bestehen. Andererseits war ich mir aber gleichzeitig unsicher, ob es ausreichen würde für den Abschluss. Die kommenden Wochen, in denen ich auf das Ergebnis wartete, waren eine wahrliche Achterbahnfahrt der Gefühle. Ein ewiges Auf und Ab aus Hoffnung, Zuversicht sowie Angst und Unsicherheit. Ich denke jeder von euch kennt das.

Da war er dann – endlich! Der lang ersehnte Brief lag eines Morgens im Briefkasten und ich wusste, er würde mein Resultat im Inneren tragen. Ich hielt ihn behutsam mit zwei Fingern fest, umfasste sanft seine Lasche. Mit einer minutiösen Genauigkeit und Sorgsamkeit öffnete ich diese, als ob mein Leben an diesem Brief hing und ich eine Operation am offenen Herzen meiner Zukunft machen würde. Einmal den Inhalt freigelegt, wanderte mein Blick geradewegs nach unten zu den Ergebnissen.

Ausreichend. Ausreichend. Ausreichend. Überall war das Wort ausreichend vermerkt. Im ersten Moment war ich enttäuscht, denn ich hätte mir hier wahrlich mehr erhofft, aber immerhin bestanden! Was im letzten Teil des Schreibens stand, ignorierte ich vorerst. Eine riesige Last fiel von meinen Schultern. Die harte Arbeit und das Durchhaltevermögen hat sich ausgezahlt. Ich habe einen Abschluss!

Allerdings dauerte meine Euphorie nur wenige Minuten an, ich las mich dann nach den ersten Glücksgefühlen durch das gesamte Dokument durch, und der letzte Absatz entriss mir dann wieder mein kurz erlangtes Glück. Ich müsste noch zur mündlichen Wiederholungsprüfung antreten. Also noch kein Abschluss. Erst Halbzeit! Aber dieses Spiel werde ich für mich entscheiden, dachte ich. In der Praxis war ich gut und die Kunst des Redens konnte man mir auch nicht verleugnen. Allerdings übersah ich in meinem ersten Eifer eine Note und musste dann in Sozialkunde noch eine schriftliche Ehrenrunde drehen. „Schon wieder lernen!“, seufze ich. Meine kleine, heile Welt lag wieder in Scherben. Abermals aber beschloss ich mich zusammenzureißen und das durchzuziehen, was ich begonnen hatte! Mein Ehrgeiz machte sich bezahlt, sowohl die mündliche Prüfung als auch die schriftliche Nachholprüfung konnte ich bestehen. Und da stand ich nun. Voller Stolz und mit geschwollener Brust sprach ich es aus:

– MANUEL, DER IHK GEPRÜFTE AUTOMOBIL-KAUFMANN.

Staatl. Berufsschule II Passau

ABSCHLUSSZEUGNIS

Herr **Manuel Eichberger**

geboren am 11. Dezember 1989 in Hutthurm, hat im Schuljahr 2012/13 die Klasse AK 12, Fachklasse für Automobilkaufleute, besucht und die Berufsschule mit der

Durchschnittsnote 3,30

erfolgreich abgeschlossen.

Leistungen in Pflichtfächern

Religion (-)	------------	Kommunikation und Präsentation *) . . .	**sehr gut**
Ethik	------------	Allgemeine Wirtschaftslehre *) . .	**befriedigend**
Deutsch	**befriedigend**	Rechnungswesen und Controlling	**mangelhaft**
Sozialkunde	**ausreichend**	Kfz-Technik *)	**befriedigend**
Englisch	**befriedigend**	Service und Auftragsabwicklung *) .	**ausreichend**
------------------	------------	Vertrieb	**befriedigend**
------------------	------------	Finanzdienstleistungen	**ausreichend**
------------------	------------	------------------	------------
------------------	------------	------------------	------------

*) Die Note wurde aus dem Jahreszeugnis der Jahrgangsstufe 11 übernommen.

Der Schüler war nach § 33 Abs. 2 der BSO vom Religionsunterricht befreit.

Das Unterrichtsangebot im Fach Englisch basiert auf dem mittleren Schulabschluss. --

----

Passau, 4. Juni 2013

Schulleiter | Klassenleiter

Schönbuchner, OStD | Hilmer, OStR

Notenstufen: 1 = sehr gut, 2 = gut, 3 = befriedigend, 4 = ausreichend, 5 = mangelhaft, 6 = ungenügend

Also wenn ihr liebe Leser/innen nun meine Zeugnisse seht, fragt ihr euch bestimmt warum die Noten so schlecht ausfallen. Ausgerechnet in diesen Bereichen wo ich doch scheinbar so stark bin? Hier meine einfache Antwort:

Meine Noten haben oder hatten nie wirklich etwas mit der Realität zu tun. Im wahren Leben läuft es einfach anders.

Hier noch eine kleine Nachricht an euch alle:
„Es sind nicht die Noten, die über euren Weg entscheiden, sondern ganz allein eure Persönlichkeit und eure Einstellung zum erreichen eurer Ziele. Lasst euer Talent nicht von schlechten Noten abhängig sein, denn mit eurem Willen und eurer inneren Stärke findet ihr genau den Weg, der für euch bestimmt ist.“

IHK Niederbayern

Prüfungszeugnis

nach § 37 Berufsbildungsgesetz

Manuel Eichberger

geboren am 11. Dezember 1989 hat die Abschlussprüfung
in dem staatlich anerkannten Ausbildungsberuf

Automobilkaufmann

mit dem **Gesamtergebnis ausreichend (54 Punkte)** bestanden.

	Note	Punkte
Vertriebs- und Serviceleistungen	ausreichend	53
Finanzdienstleistungen	ausreichend	54
Wirtschafts- und Sozialkunde	ausreichend	50
Praktische Übungen	ausreichend	57

Industrie- und Handelskammer
für Niederbayern in Passau
Passau, 21. Januar 2014

Präsident

Hier solltet ihr aber auch wissen, dass Noten nur dann am besten sind, wenn euch gefällt, was ihr macht. Das kennst du bestimmt auch.

Wie oft hört man:

„Ach die Noten waren nicht gut aber Hauptsache bestanden.“

ODER

„Auf die Noten schaut eh keiner mehr“. Es soll aber auch hier nie die Rede davon sein, nicht zu lernen. Lernen bringt dich weiter im Leben und zeigt dir, für was du dich begeisterst. Was jedoch unser Schulsystem anbelangt, wären meiner Meinung nach einige VERBESSERUNGEN notwendig. Dazu später mehr.

Es war ein Erfolgserlebnis, wie es schöner nicht sein hätte können. Darauf hatte ich so lange gewartet. Es hat mich aus meinem dunklen Loch und meinen depressiven Verstimmungen herausgeholt und zurück ins Leben gebracht. Ich wusste, ich tat das Richtige, war auf dem richtigen, beruflichen Weg und auf meinem persönlichen Weg zum Glücklichsein!

KLEINER ERFOLG – GROSSE NIEDERLAGE: DIE SCHULDENFALLE.

Noch während meiner Ausbildung hatte ich mir wie vorher beschrieben einen Audi TTRS zugelegt. Doch irgendetwas stimmte mit dem Auto nicht. Ich hatte zwar unglaublichen Spaß damit, jedoch war es leider öfter in der Werkstatt zur Reparatur als mit mir auf der Straße. So kam es mir zumindest vor. Als ich eines Tages die Motorhaube öffnete, um diesen einmal zu säubern, entdeckte ich den niedrigen Stand des Kühlmittelbehälters. Ich fuhr dann direkt in die Werkstatt, er wurde auch wieder aufgefüllt und das Problem sollte eigentlich behoben sein. Man sagte mir, das sei ganz normal bei Neuwägen. MHM, ich ließ diese Aussage einmal so im Raum stehen. Sie ließ mir aber keine Ruhe und nur wenige Tage später wollte ich Gewissheit haben und warf erneut selbst einen Blick auf den Kühlmittelbehälter. Wieder zeigte er deutlich weniger Flüssigkeit an. Insgesamt ließ ich so dreimal die Kühlflüssigkeit nachfüllen und dachte, es könne doch nicht sein, dass bei so einem teuren Auto laufend das Kühlmittel fehlte. Mir wurde dann sogar unterstellt, ich hätte es manipuliert. Ich fand diese Aussage schon etwas frech und wollte ihr auf den Grund gehen. „Uns ist da etwas zu Ohren gekommen", sagte man mir in der Werkstatt. „Tatsächlich? Und was bitte?", fragte ich voller Verwunderung über diese Unterstellung. Aber ich bekam hier keine Antwort mehr. Keine Antwort ist definitiv auch eine Antwort!

Es wurde daraufhin direkt bei Audi angerufen, um den Sachverhalt zu klären. Mein Auto kam dann bald ins Werk nach Ungarn, wo es hergestellt und produziert wurde. Drei

Wochen lang wurde es dort auf Herz und Nieren geprüft und als man es wieder zurückbrachte, entdeckte ich in der Reparaturhistorie nur den Tausch des Kühlwassers. Sonst nichts? Das Fahrzeug stand drei Wochen im Audi - Werk und es wurde nur die Flüssigkeit getauscht? Das kam mir schon sehr seltsam vor! Ich öffnete also die Motorhaube und stellte fest, dass der Motor selbst irgendwie neu aussah. Hatten sie ihn vielleicht gereinigt? Aber das würde dann auf der Historie vermerkt sein, oder? Mein Misstrauen wurde immer größer, als selbst ein Anruf im Werk keine Klarheit brachte. Also machte ich mich an eine intensive Recherche, führte unzählige Telefonate und es stellte sich tatsächlich heraus, dass der Motor komplett ersetzt wurde! Gab es doch etwas zu verheimlichen in dieser Geschichte?

Ich entschloss eine Kaufrückabwicklung ins Leben zu rufen. Jeder sagte mir, das würde ich nicht schaffen, das sei unmöglich. Das packte meinen Ehrgeiz! Wie gut, dass ich noch das Handbuch hatte, welches ich auch gleich studierte. Dort las ich, dass man einen Neuwagen auf seinen ersten 2000 km nicht auf Hochtouren laufen lassen solle, um die Lebensdauer nicht zu verkürzen. Einfach gesagt, ein Auto muss man einfahren!

Als ich mein Auto damals erhalten hatte, hielt ich mich auch daran und ich habe es langsam eingefahren. Als ich den Wagen dann aber nach der Reparatur wiederbekam, konnte ich nicht wissen, dass ein neuer Motor verbaut wurde. Somit sah ich auch keinen Anlass, das Fahrzeug langsam einzufahren. Nach einigen Telefonaten und einer Konsultation beim Rechtsanwalt kamen die Ingenieure dann tatsächlich zu dem Entschluss, meinem Wunsch zur

Kaufrückabwicklung wird stattgegeben. Ich legte ihnen das Handbuch auf den Tisch, verwies auf die Zeilen und sie nickten mir zu, dass sie das so noch nicht betrachtet hatten, aber somit hätte ich natürlich recht! Wahnsinn. Ich hatte es geschafft! Was alle für unmöglich hielten, hatte ich soeben geschafft. Ein erneuter Glücksmoment für mich, welcher - wie mir später aufgefallen ist - mein Kämpferherz erweckte und ganz andere Fähigkeiten in mein Leben rief.

Hier war er also. Der neugeborene Kämpfer für Kundenanliegen! Ich habe meine Anzahlung und auch meine bereits geleisteten Raten wiedererhalten. Ich wusste nun, ich könnte jedes Ziel erreichen, wenn ich nur mit Beharrlichkeit dranbleiben würde. Hinfallen ist eine Sache, aber wieder aufstehen eine ganz andere. Wer an seinem Erfolg nur lange genug arbeitet, der wird auch damit belohnt. Man muss nur immer dieselbe Richtung einschlagen, immer in die gleiche Kerbe treten und niemals aufgeben!

Aber mein scheinbares Leben auf der Überholspur sollte schon bald ausgebremst werden. Es musste natürlich ein neues Auto her, meine Kaufsucht hatte mich wieder! Eigentlich war sie immer präsent, mein ständiger Begleiter. Ich hatte sie aber nie aktiv im Gedächtnis, sie war einfach da. Und schließlich gipfelte sie in Autokäufe, die mich langsam aber sicher in die Schuldenfalle treiben würden. Ich hatte es komplett übersehen, hatte die Ausgaben nicht mehr auf dem Schirm. Geld war ja immer genug da, wie ich dachte. Tatsächlich hatte ich auch eine ordentliche Stange Geld aus der Berufsunfähigkeitsversicherung über all die Jahre, Monat für Monat erhalten, dazu kam natürlich auch Geld von Schadenersatzansprüchen aber meine Ausgaben übertrafen die Geldreserven langsam aber sicher bei weitem!

Wenn ich alles zusammenrechne, so waren es an die 115.000 Euro, die ich so aus dem Fenster geworfen hatte. Unfassbar, wenn ich das heute so rückwirkend betrachte! Was man denn nicht alles mit dem Geld machen hätte können? Richtig angelegt und gut investiert, hätte sich die Summe über all die Jahre bestimmt auf das Fünffache oder gar Zehnfache anheben lassen. Aber das wusste ich damals nicht. Ich hatte keinen Bezug zu Geld, wusste nicht, wie man damit umgehen soll. Das Glücksgefühl nach einem Kauf – und vor allem nach einem Autokauf – war einfach überragend und hat alles andere wahrlich in den Schatten gestellt. Wie gewonnen, so zerronnen. Ein Sprichwort, wie es treffender nicht sein könnte für meine Lage. Ich lernte es langsam, mit meinem Geld das Richtige zu tun und darauf zu achten. Es gehört auch dazu, einmal Abstriche zu machen und sich nicht immer das neueste oder schnellste Auto zu gönnen. Alles, was man reinsteckt in Autos, Tuningzubehör oder Konsumgüter, kommt definitiv nicht mehr wieder zurück. Darum, liebe Leser und liebe Leserinnen, darf ich euch hier an dieser Stelle einen Rat mit auf den Weg geben. Achtet immer auf euer Geld!

Denkt immer an die Zukunft und investiert es dafür, als alles im Moment auszugeben, auch wenn es sich gerade gut und richtig anfühlt! Ich weiß, wie es ist, sich vieles leisten zu können. Ich weiß aber auch, wie es ist, kein Geld mehr zu haben, alles verblasen zu haben und in eine Schuldenfalle zu schlittern. Geradewegs und ungebremst.

Stellt euch vor, ihr könntet aus einer Anfangssumme von 500-mal so eben 5.000 Euro machen. Oder denken wir noch größer, aus 5.000 sogar 50.000 Euro machen. Klingt verlockend, oder? Dabei ist es wichtig, den richtigen Ansprechpartner zu haben, der zur Seite steht. Dann ist es auch durchaus legitim, aus einem kleinen Auto einmal ein großes zu machen. Geld muss für dich arbeiten, nicht du für das Geld.

Genau aus dieser Erkenntnis heraus, habe ich es mir dann zum Ziel gemacht, einen gänzlich neuen Weg einzuschlagen. Ich wollte die Welt verbessern, den Menschen dabei helfen, ihre Träume und Ziele zu erreichen. Ein Stückchen Ehrlichkeit in die Welt hinaustragen. Mut zu machen, anderen die Augen zu öffnen, dass alles zu schaffen ist, wenn man nur die richtige Methode dafür hat.

DU, ja genau DU! Du kannst ebenso alles erreichen, was du dir vorgenommen hast. Fokussiere dich auf deine Ziele, arbeite verbissen darauf hin. Verlier dabei niemals die Richtung, komme niemals von deinem Weg ab, ungeachtet dabei, was die anderen über deine Träume und Wünsche sagen würden. Es ist nur wichtig, dass DU an dich glaubst. DU bist die wichtigste Person für dich und du bist es dir auch selbst schuldig, dass du das Vertrauen in dich setzt! Ich glaub‘ an dich, so wie ich an mich geglaubt habe!

Rückschläge können dabei immer passieren und nur allzu leicht werfen sie uns dann aus der Bahn. Ein Rückschlag kann gefühlte zehn zuvor erlebte Erfolgserlebnisse wieder zunichtemachen. Halte dir dies stets vor Augen. Hinfallen ist nicht schwer, Aufstehen dagegen sehr. Steh immer wieder auf, nach jedem Fall und beweise es dir aufs Neue, dass in dir das Potential schlummert! DU kannst das - genauso, wie ich es konnte!

„Ich ging durch Tiefen und durch Höhen, aber immer weiter. Ich blick zurück und es war nicht immer einfach, doch jetzt kann ich nicht mehr scheitern. Es geht bloß um was ich schaff nicht um was ich hab. Egal welche Hindernisse zwischen dich und dein Ziel geraten, du blickst weiter in Richtung der Zielgeraden."

EINE NEUERLICHE, PRIVATE WENDE – UNVERHOFFT KOMMT OFT

Während des Zeitpunktes meiner Ausbildung zum Automobilkaufmann hatte ich eine neue Freundin. Ich stürzte mich damals regelrecht von einer Romanze in die nächste. Immer, wenn eine Beziehung scheiterte, suchte ich Trost in der nächsten. Dass das natürlich völlig der falsche Weg war, ist mir heute mehr denn je bewusst. Man kann sich nicht von einer in die nächste Beziehung hanteln, nur damit man den Schmerz und den Kummer vergisst. So nimmt man den Rucksack vollgepackt mit beleidigtem Stolz, gekränkter Eitelkeit und tiefem Verletztsein immer wieder in die neue Beziehung mit. Das kann auf Dauer nicht gutgehen, das habe ich mittlerweile auch erkannt. Damals aber machte ich mir diese Gedanken nicht und fand alles richtig, so wie ich es gemacht habe. Die Quittung dafür habe ich in unendlichen Beziehungsaus immer erhalten, obwohl ich bei jeder meiner Beziehungen mit Herzblut dabei war. So auch mit dieser.

Ich war damals sehr glücklich mit meiner Freundin. Umso ernüchternder war dann ihre Nachricht, die gerade genau am Tage meiner schriftlichen Nachholprüfung von Sozialkunde kam. Ein denkbar ungünstiger Moment für Nachrichten der Art: „Manuel, wir müssen miteinander reden!“. Eines hatte ich damals verstanden. Wenn Frauen das schreiben, dann bedeutet dies meist nichts Gutes! Als ich diese Zeilen auf meinem Display las, schossen mir sogleich unzählige Gedanken durch den Kopf. Worum könnte es gehen, was muss sie mir so dringend erzählen, dass sie es sogar vorher ankündigen muss?

Ich musste mich aber auf meine Prüfung konzentrieren. Ich würde es dann zuhause schon mitbekommen, was ihr am Herzen lag. Ich fuhr dann mit gemischten Gefühlen nach Hause. Einerseits steckte mir die Prüfung noch in den Knochen und andererseits hatte ich ein mulmiges Gefühl bei dem anstehenden Gespräch und dessen Inhalt mit meiner Freundin. Zuhause angekommen hatte ich dann aber nicht wirklich lange Gelegenheit, meine Gedankenspirale fortzuführen. Sie kam kurze Zeit später nach Hause und suchte sofort das Gespräch mit mir. Sie hielt den Grund ihres Redebedarfes nicht lange hinter dem Berg: „Manuel, ich bin schwanger!". Wow, das hatte gesessen. Ich habe mit vielem gerechnet, aber nicht damit. Sie brach dabei auch sofort in Tränen aus. Wahrscheinlich dachte sie, ich würde sie nun zu einer Abtreibung überreden wollen.

Das stand für mich nie im Raum. Ich wollte aber Gewissheit haben und fuhr sofort zum Drogeriemarkt, um einen Schwangerschaftstest zu kaufen. Tatsächlich nahm ich zwei mit. Doppelt hält bekanntlich besser!

Ich raste zurück nach Hause, drückte ihr beide Tests in die Hand. Wortlos ging sie ins Badezimmer. Nach wenigen Minuten kam sie zurück, hielt beide Tests in der Hand, die eine eindeutige Sprache gesprochen hatten: sie waren positiv!

„Mach dir keine Sorgen, wir schaffen das schon!", sagte ich tröstend zu ihr. Natürlich freute ich mich sehr darüber, wenngleich es mir auch nicht ganz klar war zu diesem Zeitpunkt, wie ich denn das alles hinbekommen soll. Ich war geradewegs in einen finanziellen Engpass aufgrund meiner Autokäufe geschlittert und hatte keine Ahnung, wie ich nun eine Familie ernähren sollte. Ein Kind würde so einiges an Geld verschlingen. Mehr als man sich vielleicht anfänglich denkt. Ich musste nun nicht mehr alleine auf mein Wohl achten, sondern hatte eine kleine Familie im Hintergrund. Dieser Familie müsste ich auch meine Zukunft widmen. Meine Pläne, die ich geschmiedet hatte, müssten nun auf den neuen Umstand umgemünzt und vielleicht auch neu gedacht werden.

Ich musste also eine Lösung finden für uns. Bestimmt stellte ich es mir zu diesem Zeitpunkt einfacher vor, als es dann tatsächlich war. Ich wusste, ich musste meine Pläne, Verkäufer zu werden und ein eigenes Autohaus zu haben, vorerst ad acta legen. Eine neue Idee musste her!

Ich fuhr am nächsten Tag in die Arbeit und suchte sogleich auch das Gespräch mit meinem Vorgesetzten. Einerseits, um ihn von meiner bestandenen Prüfung zu unterrichten, andererseits aber auch um meinen weiteren Werdegang zu definieren. Der Verkaufsleiter fragte mich dann, ob ich gerne bleiben möchte und die Verkäuferausbildung bei Audi beginnen möchte. Es war immer mein Traum, Verkäufer zu werden. Daher taten mir diese Worte unglaublich gut, ich konnte es kaum glauben, dass ich meinem Traum nun tatsächlich wieder ein Stück nähergekommen sei. Gleichzeitig aber wusste ich, dass ich in meiner Situation nun keine weitere Ausbildung anfangen könnte. Schweren Herzens musste ich ihm die einzig logische Antwort mitteilen. Ich sagte ihm, dass ich leider nicht bleiben könne. Ich müsste mir einen anderen Job suchen, um Geld zu verdienen. Aber man sieht sich immer zweimal im Leben! Man weiß nie, was die Zukunft noch so bringt. Gerne würde ich zu einem späteren Zeitpunkt auf das Angebot zurückkommen.

Dieser Satz führte mich dann geradewegs zum Arbeitsamt, um mich wieder arbeitssuchend zu melden. Prompt wurde mir auch eine äußerst interessante Stelle bei einem renommierten Automobilhersteller angeboten. Von Freunden wusste ich bereits, dass das Gehalt dementsprechend sei, aber ich konnte mir noch kein Bild meines Tätigkeitsfeldes machen. Also vereinbarte ich einen Termin mit dem Arbeitsamt, um näheres über diese Position in Erfahrung zu bringen. Dort hatte man mir aber mitgeteilt, dass es sich um eine Stelle als Zeitarbeiter handeln würde. Ich konnte mir darunter nicht wirklich etwas vorstellen, aber wollte es mir einmal ansehen. Immerhin musste ich auch Geld verdienen. Also fuhr ich zur Zeitarbeitsfirma, damals TUJA, und bat um einen Vorstellungstermin. Dieser kam dann auch sehr schnell zustande, ich musste nur meinen Lebenslauf vorbereiten. Im Gespräch fiel natürlich sofort das Thema meines Unfalles auf und was ich aufgrund dessen nun nicht mehr machen könnte. Ich war offen und ehrlich und meinte, dass alle Arbeiten über Kopf nicht mehr möglich seien, genauso wie ich mich keinerlei Stresssituationen mehr aussetzen dürfe. Gerne aber würde ich etwas Kaufmännisches machen. Bei dieser Stelle handelte es sich aber um Fließbandarbeit, an eine kaufmännische Position war daher nicht zu denken. Dennoch nahm ich das Angebot an – ich hatte meine kleine, zukünftige Familie im Hinterkopf.

Nach ein paar Wochen bekam ich dann schon den Arbeitsvertrag zugesandt. Mein neuer Arbeitsplatz war die Lackiererei, so viel konnte ich dem Dokument entnehmen. Jedoch, was war nun dabei genau meine Aufgabe? Autos lackieren - oder polieren? Ich konnte mir auch darunter nicht viel vorstellen, wollte es aber auf mich zukommen lassen.

Die zweite Seite des Vertrages verriet mir dann aber schon ein bisschen mehr über meinen Tätigkeitsbereich: Hohlraumversiegelung. Jetzt war mir einiges klar, ich wollte es mir einfach einmal anschauen. Ich wusste ohnehin, dass ich dieser Beschäftigung nicht mein restliches Leben lang nachgehen werde. Der Begriff „**Zeitarbeit**“ war also mehr als treffend für meine Situation. Ich wusste, ich kehre irgendwann wieder ins Büro oder bestenfalls in den Verkauf zurück. Es war eine Übergangslösung, die damals stimmig war für mich! Also setzte ich meine Unterschrift ans Ende des Dokuments und besiegelte damit gleichzeitig meinen nächsten, beruflichen Schritt.

ZEITARBEIT – WIE DIE ZEIT GEGEN MICH ARBEITETE

Da stand ich nun also: in meinen 20ern, gerade erst eine Ausbildung in der Tasche, bereit damit die Welt zu verändern und zu erobern. Im gleichen Moment aber einen bereits anfänglichen Schuldenberg auf meinen Schultern sitzen, der noch größer werden sollte und die frohe Botschaft der anstehenden Vaterschaft. Nicht gerade die besten Voraussetzungen für einen erfolgreichen Start in mein „neues Leben". Mein Kaufrausch machte meine finanzielle Situation schön langsam prekär, ich musste handeln, um irgendwie über die Runden zu kommen. Zudem machte ich dann einen Fehler, der mir beinahe das Genick gebrochen hätte – ironischerweise wäre das fast das 2-te Mal gewesen nach meinem schweren Unfall. Nachdem das Geld knapp war, ich aber von irgendetwas leben musste, fing ich an, mir selbiges zu finanzieren. Die erste gemeinsame Wohnung mit meiner Freundin musste eingerichtet werden – nicht irgendwie, sondern schon beständig und irgendwie auch stilvoll. Das wenige Geld, das ich beiseitegelegt hatte, reichte nicht und so fing ich an, die Einrichtung auf Kredit zu finanzieren. Ich dachte mir anfänglich, diese 150 – 200 € Rate an Rückzahlung im Monat würde mir nicht wehtun.

Aber bei dieser Summe blieb es leider nicht, denn es häuften sich andere Aufwendungen an, die ich in meiner bescheidenen Rechnung nicht miteinkalkuliert hatte. So kam ich bald auf € 500 an Zahlungen im Monat. Mein Erspartes neigte sich dem Ende und ich musste immer wieder die Kredite aufstocken, um die laufenden Kosten decken zu können. Hier eine wichtige Anmerkung, die bestimmt viele von euch kennen: In vielen Situationen im Leben will man sich unbedingt irgendwas gerade anschaffen, aber hat momentan nicht das nötige Kleingeld zur Verfügung und so kommen einem dann Finanzierungen als scheinbare Lösung vor. Stopp bei Finanzierungen - sie reiten euch kurz oder lang nur mehr in die Schuldenfalle und irgendwann kommt man nicht mehr aus dem Hamsterrad heraus. So tickt die Wirtschaft und so funktioniert sie, ohne unser Geld und Arbeit funktioniert das nicht. Raffiniert, oder? Ich redete mir die Finanzierung schön, dachte ich würde das schon irgendwie alles schaffen, bis dann aber bald die Ernüchterung kam. Ohne fixen Arbeitsvertrag stand ich da, hatte hohe Kreditratenforderungen und wusste, bald wäre ich auch für eine komplette Familie verantwortlich. Ich musste handeln, das stand fest! Meine Arbeitsstelle auf Basis der Zeitarbeit warf nicht annähernd genug Geld ab, um alle Löcher zu stopfen, die ich aufgerissen hatte. Zudem war ich aufgrund der nicht festen Anstellung weder an Gewinnausschüttungen noch an Sonderzahlungen wie Urlaubs- oder Weihnachtsgeld beteiligt. Das war ganz schön deprimierend, immerhin musste ich dieselbe Leistung erbringen, wie alle anderen. Mehr noch, ich habe oft viel mehr gearbeitet, als ich eigentlich sollte, habe meinen ganzen Ehrgeiz und meinen Tatendrang offengelegt, wollte unbedingt einen guten Eindruck machen. Dabei waren die Arbeitszeiten oft sehr hart, die Schichtarbeit setzte mir zu. Hatte ich Frühschicht, so musste ich bereits um 2.15 Uhr aufstehen, um den Bus um 3.15 Uhr zu erwischen. Hatte ich Spätschicht und eine Schichtverlängerung, so kam ich hingegen meist erst um Mitternacht aus dem Werk und war irgendwann kurz nach 2 Uhr morgens zuhause. Nicht gerade ein einfacher Arbeitsalltag für noch dazu weniger Geldleistung. Diese Ungerechtigkeit machte mich dann allmählich auch depressiv und wütend zugleich. Ich konnte es nicht einsehen, dass ich weniger verdienen sollte wie meine Kollegen/Innen in der Fabrik, aber dieselbe Leistung erbringen musste. Daher strebte ich unbedingt eine Festanstellung im Werk an. Ich wollte diese ungleiche Behandlung eliminieren und mich beweisen. Meine Vorgesetzten wussten, dass ich dieses Ziel verfolgte. Sie sahen, dass ich mich in verschiedenen Bereichen etablieren und mir immer mehr Wissen und Fähigkeiten aneignen wollte. Zudem konnte ich den Alltagstrott und die tägliche Routine, die sich in meine Arbeit eingeschlichen hatte, nicht mehr aushalten. An den Lärm und den beißenden Geruch in der Fabrik hatte ich mich bereits gewohnt. An meine ultramodischen Arbeitskleidungen mit Arbeitsschuhen eher allerdings weniger. Aber ich wollte kämpfen für bessere Konditionen mithilfe einer Festanstellung. Nur so sah ich mich in der Lage, ein finanzielles Polster aufbauen zu können. Meine Schulden wuchsen im rasanten Tempo an, gleichermaßen sanken meine Hoffnungen auf eine Festanstellung. Ich war gefangen in einer negativen Abwärtsspirale aus ständigem Bemühen, mein Bestes zu geben, mehr zu leisten als alle anderen, schneller, pünktlicher und flexibler zu sein, um mir eine Festanstellung zu ermöglichen. Andererseits sah ich auch, dass mir das Wasser bis zum Hals stand, ich hatte nicht mehr viel Spielraum. Anstehende Anschaffungen, höhere Kreditraten und keinerlei finanzielle Rücklagen waren bald mein Alltag. Was ich zu dieser Zeit nicht wusste, war, dass es lange 4 Jahre dauern sollte, bis ich eine Festanstellung erhalten sollte. Hatte ich denn diese Zeit noch? Konnte ich so lange noch irgendwie über die Runden kommen?

Finanziell. Emotional. Psychisch. Jeder, der in einen solchen finanziellen Engpass gerät, der weiß auch, dass sich dieser auch auf sein Privatleben auswirkt. Da brauchte ich mir auch nichts vorzumachen, die Auswirkungen bekam ich bald am eigenen Leib zu spüren.

PRIVATES GLÜCK UND PRIVATE NIEDERLAGEN LAGEN ENG BEIEINANDER

Ich heiratete meine damalige Freundin am 06.06.2014. Fast genau ein Monat, bevor meine Tochter zur Welt kommen sollte. Ich erinnere mich noch genau an die Geburt, fieberte ich diesem Ereignis schon wochenlang mit Aufregung entgegen! Ich konnte es kaum erwarten, Vater zu sein. Natürlich hatte ich mir zuvor wenig Gedanken gemacht, wie ich oder besser gesagt wir uns denn die Geburt vorstellen. Wir und im Speziellen ich selbst ließen es einfach auf uns zukommen. Vielleicht wäre es einfacher gewesen, wenn ich mir als Vater im Vorhinein schon gewisse Fragen gestellt hätte. Gibt es etwas, das mir bei der Geburt Angst machen wird und wie werde ich dann damit umgehen? Möchte ich gerne im Kreißsaal dabei sein und dieses Wunder hautnah erleben? Würde ich das psychisch schaffen? Oder könnte mich hier die Ohnmacht packen und die Machtlosigkeit übermannen und ich würde mich hilflos fühlen? Ich kann nur einen gut gemeinten Ratschlag aus meinen eigenen Erfahrungen hier geben, dass man sich im Vorhinein mit seiner Partnerin all diese Dinge überlegen sollte. Eine offene Kommunikation und direkte Meinungsäußerungen sind hier ungemein wichtig, damit dieses Ereignis für beide Seiten eines der schönsten Dinge wird, die man je erlebt hat. Ich kann natürlich nur von mir und meinen Erfahrungen berichten, schließlich muss jeder selbst wissen, wie er es gerne handhaben möchte. Aber ich wäre vielleicht um diesen ehrlich gemeinten Ratschlag damals sehr dankbar gewesen.

Damals, das war der 08.07.2014. Ich hatte an diesem Tag Spätschicht in der Fabrik, was bedeutete, dass ich nicht vor Mitternacht zuhause sein werde. Zuhause – so nannte ich die gemeinsame Wohnung mit meiner Frau, die ich uns geschaffen hatte. Etwas anderes kannte ich zu diesem Zeitpunkt nicht, daher dachte ich, das sei der wahre Begriff eines Zuhauses. Dass dies jedoch nicht einmal annähernd eine kleine heile Welt darstellte und von einem Ort des Behütetseins und der Geborgenheit weit entfernt war, lernte ich dann erst später schmerzlich kennen. Natürlich hatte ich damals alles mir Mögliche in Bewegung gesetzt, um meiner kleinen Familie ein Zuhause zu schaffen. Vielleicht wusste ich nur noch nicht, dass ein Zuhause nicht aus 4 Wänden und einem Ehevertrag bestand, sondern vielmehr ein tiefes, inneres Gefühl darstellt, das sich nicht einfach so erschaffen lässt auf Knopfdruck.

Apropos Knopfdruck. Die Produktion der Fahrzeuge in der Fabrik war gerade am Zenit in diesem Jahr angekommen und ich musste des Öfteren eine Schichtverlängerung einlegen. In Anbetracht meiner jungen Familie, den Geldsorgen und der vermeintlichen Aussicht auf eine rasche Festanstellung nahm ich dies natürlich in Kauf. So wie auch an diesem Tag. Das einzig Positive, das ich dem abgewinnen konnte, war die Tatsache, dass ich nicht mit dem Bus nach Hause fahren musste, sondern Taxis bereitstanden, die uns heimbrachten. Uns – das waren natürlich ich und meine Arbeitskollegen/Innen, mit denen ich in jener Nacht auf dem großen Fabrikgelände auf die Autos wartete. Ich war kaum eingestiegen in einen Wagen, da kam auch schon ein Anruf von meiner Frau. Eine ungewöhnliche Uhrzeit für eine belanglose Konversation, daher wusste ich, sie hatte mir etwas Wichtiges mitzuteilen: „Manuel, ich glaube, ich habe Wehen!“. Diese Nachricht schoss sich mir durch Mark und Bein. Ich konnte ihre schmerzverzerrte Stimme hören, fühlte beinahe ihre Krämpfe. Dieser Gedanke, ihr gerade nicht helfen und ihr die Schmerzen nicht abnehmen zu können, machte mich verrückt. Ich kann keinen anderen Menschen leiden sehen, noch dazu, wenn es ein naher Angehöriger ist. In mir drängt sich dann immer das Gefühl auf, ich müsse diesem Menschen die Schmerzen abnehmen. Gleichzeitig aber war ich voller Vorfreude und Aufregung. Würde ich heute tatsächlich Vater werden? Voller Euphorie konnte ich diese spätnächtliche Botschaft nicht für mich behalten und teilte dem Taxifahrer mit geschwollener Brust mit, er möge sich doch bitte beeilen, denn meine Frau bringe heute unsere Tochter zur Welt! Ich wollte die Geburt auf keinen Fall verpassen und konnte es noch gar nicht glauben, dass es nun so weit war. Zuhause angekommen, packte ich noch schnell einige Sachen zusammen, um die mich meine Frau bat. Sie war bereits auf dem Weg ins Krankenhaus und ich wollte mit Sack und Pack nachkommen. Mit Vollgas setzte ich mich hinter das Steuer meines Wagens und startete zielsicher ins Krankenhaus. Dort angekommen hatte ich das Auto kaum eingeparkt, da sprintete ich bereits hinein in die Aufnahme und wollte von der Information wissen, wo denn meine Frau nun sei. Freundlich gab man mir Auskunft und ich hastete ins Zimmer, wo meine Frau lag. Als ich sie sah, machte sich Erleichterung in mir breit. Ich konnte sehen, dass sie wesentlich entspannter war, als sie am Telefon geklungen hatte. „Gott sei Dank!“, sagte ich zu mir selbst und versuchte, meine eigene Nervosität somit ein wenig zu lindern. Das Adrenalin steckte mir – dem angehenden Jungpapa – immer noch in den Knochen. Daher schwirrten mir unzählige Gedanken im Kopf herum, die sogleich auch aus mir heraussprudelten: „ Was ist Stand der Dinge? Was machen wir hier?“. So viele Fragen, auf die ich am liebsten gleichzeitig eine Antwort haben wollte. Ich konnte meinen Übermut aber gleich abbauen, in dem ich mit meiner Frau Treppen steigen musste. Bewegung würde helfen, den Geburtsvorgang zu beschleunigen, sagte uns der Arzt und so machten wir uns ans Werk. Für eine Hochschwangere, die noch dazu Wehen hat, keine einfache Übung. Als die Schmerzen schlimmer wurden, legte sie sich wieder ins Bett. Ich dachte, es wäre nun soweit, aber weit gefehlt. Es dauerte eine gefühlte Ewigkeit und die Schmerzen meiner Frau wurden von Minute zu Minute schlimmer. Als es schließlich in den Kreißsaal ging, hatte ich meine Nervosität kaum mehr im Griff. Es war unerträglich für mich, die Schmerzen meiner Frau mitansehen zu müssen und gleichzeitig aber die Gewissheit zu haben, ich könnte ihr nicht helfen. Nicht einmal, dass ich ihr meine Hand gab und sie zum Zudrücken ermunterte, das nahm mir ein bisschen die Hilflosigkeit in diesem Moment. Das war eine wirklich heftige, emotionale Erfahrung für mich als Mann. Daher Respekt an alle Frauen, die eine Geburt bereits gemeistert haben. Wir Männer können uns nicht ansatzweise vorstellen, was ihr hier leistet! Mein ehrlicher Dank und meine tiefste Bewunderung mögen dabei natürlich auch meiner Ex- Frau gelten, die mir dieses wunderschöne Geschöpf geschenkt hat!

Die unzähligen Pressrufe und Motivationsreden der Hebamme verstummten allmählich und wandelten sich in ein liebevolles „Sagen Sie „Hallo“ zu Ihrer Tochter“, welches dieses Mal an mich gerichtet war. Mit feierlicher Geste reichte mir die Hebamme dieses kleine, zierliche Geschöpf, welches meine Frau soeben unter beträchtlichen Schreien und Fluchen auf die Welt gebracht hatte. Ich war verunsichert und mein Herz rutschte mir in die Hose. Am liebsten hätte ich „Moment!“ gerufen und gebeten, dieses winzig kleine, zerbrechliche Geschöpf jemandem zu geben, der im Umgang mit Neugeborenen bereits Erfahrung hat. Was, wenn ich etwas falsch mache? Ich könnte ihr vielleicht wehtun – nicht gerade das beste erste Kennenlernen zwischen Vater und Tochter, dachte ich mir. Aber ich wollte sie unbedingt in meinen Händen halten und so nahm ich sie aus den Armen der Hebamme, berührte sie sachte, wie eine Seifenblase, die jeden Moment zu platzen drohte und legte sie in meine Arme. Da stand ich da, mit Tränen in den Augen und konnte in das zartrosa Gesicht meiner Tochter blicken. Mich übermannte ein unbeschreibliches Glücksgefühl. Ich kann es weder in Worte fassen noch mit einem anderen Ereignis vergleichen, denn es gibt nichts Vergleichbares, was mit diesem Moment auch nur ansatzweise mithalten könnte. Es dauerte nur Sekunden, in denen aber die Welt stillstand und alles um mich herum scheinbar erstarren ließ. Wenn ich heute Sorgen oder Ärger habe, dann denke ich gerne an diesen wundervollen Moment zurück und schöpfe mir daraus Kraft. Jedes Problem wird somit im Handumdrehen zu einer Banalität degradiert und macht es weniger bedeutend in meinem Leben. Demut und Respekt sind seit diesem Moment meine ständigen Wegbegleiter. Die erste große Lektion fürs Leben, die mich meine Tochter in ihren so jungen Jahren lehrte. Ich wollte immer schon Vater werden, das stand bereits sehr früh fest für mich. Auch wenn ich für meine Zukunftsvisionen in meinem damaligen Freundeskreis oft nur für ein müdes Lächeln sorgte, so wusste ich, ich wäre nur mit Frau und Kind komplett. Mein früherer Lifestyle war damals auch nicht gerade jener eines Vaters. Ich war immer unterwegs, ließ keine Party aus, war ein Lebemensch und man konnte es sich nur schwer vorstellen, dass ich einmal mit Windeln und Babyfläschchen jonglieren würde. Aber Zeiten ändern sich und ich wusste, mich würde ein Familienleben auf Dauer mehr erfüllen als jede um die Ohren geschlagene, schlaflose Nacht. Wenngleich dieses Bild sich auch mit einem Neugeborenen nicht ändert, nur tauschte ich Bierflaschen mit Schnuller und statt coolen Tanz-Moves gab es ebenso rhythmische Schaukelbewegungen aus der Hüfte, um meine Tochter zum Einschlafen zu bewegen. Ich wollte ein liebevoller Vater sein, der seinem Kind eine intakte und kleine heile Welt mit viel Geborgenheit bieten konnte. So, wie ich es erlebt hatte. Trotz meines großen Wunsches nach Familie, muss ich gestehen, dass ich gerade am Anfang schon ziemlich überfordert war mit der neuen Situation und mit allem, was um mich herum geschah. Ich musste mir ehrlicherweise auch eingestehen, dass es doch nicht ganz so einfach war, die Vaterrolle gewissenhaft zu übernehmen, als ich es mir vorgestellt hatte. Ich hatte ja keinerlei „Testphase“, man wird nicht langsam an die neue Rolle herangeführt. Selbst die geistige Vorbereitung in den 9 Monaten während der Schwangerschaft war wenig hilfreich und trotz solider Babysitter- Erfahrungen hatte ich am Anfang alle Hände voll zu tun, meiner neuen Aufgabe gerecht zu werden. Ich höre oft von Freunden, dass diese auf die Kinder der Schwester oder dem Bruder aufpassen und das ja alles so einfach ist, jedoch ist es meist nur ein Tag und darauf sollte man sich nicht wirklich ein Bild machen für das eigene Kind oder denken, es sei immer einfach. Viele Gedankengänge um Erziehungsprinzipien waren die erste Zeit zumindest völlig sinnlos, geht es zunächst nur darum, die Grundbedürfnisse eines Säuglings zu decken. Viel mehr konnte ich mich nicht einbringen. Noch hinzu kam meine berufliche Situation, die wenig zufriedenstellend war und die Geldsorgen, die ich nach wie vor hatte. Ich konnte mir kaum vorstellen, wie ich denn das alles hinbekommen sollte. Dabei noch die Nerven zu behalten, ist ein wahrlicher Balanceakt! Aber ich wusste, wofür ich es tat und das schaffte mir dann wieder innerliche Beruhigung und Zuversicht.

Ich brauchte vielleicht auch einfach ein bisschen Zeit, um meine Tochter kennenzulernen. Ich hatte sie nicht 9 Monate unter meinem Herzen getragen und auch für die Deckung der Grundbedürfnisse war ich als Mann nur eingeschränkt in der Lage. Aber als sie dann die ersten Gesten machen konnte und erste Bewegungen zum Vorschein kamen, fühlte ich mich verbundener mit meiner kleinen Hannah. Ich werde nie den wundervollsten Moment in meinem ganzen Leben vergessen, als sie das erste Mal „Papa“ zu mir sagte. Ich war jedoch leider nicht zuhause, aber ich habe es als Tonaufnahme und kann es mir immer und immer wieder anhören. Toll!

Mit jedem Tag, als sie größer wurde, wuchsen auch

gleichzeitig meine Möglichkeiten als Vater. Ich wollte ihr eine vorbildliche Vaterfigur sein, die ich persönlich nie hatte. Daher verbrachte ich unglaublich gerne Zeit mir ihr alleine, wenn ihre Mutter beim Sport war oder einfach eine kleine Auszeit benötigte. Stolz ging ich mit dem Kinderwagen spazieren, trug sie nahe an meinem Herzen, um der Welt zu zeigen, das ist meine Tochter! Das Autofahren war ein absolutes Highlight und ehrlicherweise auch die einzige Möglichkeit, sie zum Einschlafen zu bringen, wenn mal wieder nichts half und sie aus voller Kehle schrie. Kommunikation funktioniert in diesem Alter noch nicht, ich konnte sie nicht einfach fragen, was sie bedrückt, sondern konnte nur raten und versuchen darauf zu reagieren. Natürlich wusste ich nicht immer, was sie gerade benötigte, aber etwas falsch zu machen und daraus zu lernen, bedeutet dann auch immer, etwas richtig zu machen. Anfänglich nützt man gerne Dr. Google oder sucht verzweifelt in Babyratgebern nach einer Lösung. Das haben wir dann aber relativ rasch aufgegeben, da es uns mehr verunsicherte als tatsächlich half. Wir haben einfach versucht, das Beste zu tun, was uns gerade möglich war. Im Endeffekt lernt man in der Elternrolle auch immer wieder aufs Neue, einfach einmal seinem Instinkt zu vertrauen. Natürlich wuchs mit der Zeit auch die Erfahrung und trug dann einiges dazu bei, das Richtige sofort zu tun. Ein wichtiger Lebensbegleiter, der sich aber erst langsam einstellt – wie in jedem Bereich übrigens. Leider hatte ich aber auch realisiert, dass ich aufgrund meiner Schichtarbeit nicht immer für meine Tochter da sein konnte. Ich konnte nicht so viel Zeit mir ihr verbringen, wie ich es gerne gehabt hätte. Ich überlegte lange, mein Angestelltenverhältnis gegen eine Selbständigkeit zu tauschen. Doch das war ein Trugschluss, denn gerade als Jungunternehmer hat man noch weniger Zeit als in einem Arbeitsverhältnis. Aber was sollte ich dann machen? Wie kann ich meine Situation ändern? Mehr Zeit mit der Familie verbringen aber gleichzeitig auch das nötige Geld anschaffen?

Meine Vatergefühle sanken allmählich. Aber nicht, weil die Liebe zu meiner Tochter weniger wurde, sondern weil die Zweifel an meiner eigenen Person wuchsen! Abermals schlichen sich erneut Depressionen ein, beinahe waren es schon richtige Panikattacken, die mich heimsuchten. Sie wurden durch den extremen Stress in der Arbeit, unausgesprochene Konflikte in der Partnerschaft und verdrängte Gefühle begünstigt und der zunehmende Erfolgsdruck, den ich hatte, tat das Seine hinzu. Ich hatte viele Selbstzweifel, die an mir nagten. Wird das Kind unsere Beziehung verändern, was will ich meinem Kind unbedingt auf seinem Lebensweg mitgeben? Aber die größte Herausforderung, die ich mir eingestehen musste, war die finanzielle. Bin ich in der Lage meine Familie zu ernähren und ihr ein dementsprechendes Leben zu bieten? Ich wusste, wenn ich nicht etwas ändere, dann würde ich scheitern. Als Vater und als Ehemann. Und an dieser Stelle möchte ich für ein wenig Ernüchterung sorgen. Mehr als 30 Prozent und in großen Städten sogar beinahe die Hälfte aller Ehen scheitern. Im siebten Monat nach der Geburt des ersten Kindes gibt es sogar einen Scheidungspeak. Bei mir setzte er später ein, aber er war vorprogrammiert. Auch hier ist Kommunikation in der Partnerschaft wieder alles. Wer sorgt für die finanziellen Mittel? Wie wird die Elternzeit aufgeteilt und wer hat welche Aufgaben zu übernehmen? Wie geht ein

Mann mit Schwangerschaftsdepressionen seiner Frau um? All diese Dinge kommen hinzu, über die man sich plötzlich Gedanken machen muss und eine Partnerschaft von der weniger rosaroten Seite beleuchten muss.

Zu diesen Fragen kamen dann auch noch meine persönlichen Zweifel hinzu. Was mache ich hier? Kann ich nur selbst wieder meinen Weg finden, indem ich meine kleine Familie verlasse? Würde es ihnen ohne mich vielleicht sogar besser gehen und könnte ich dann später einmal sogar besser für Hannah sorgen, wenn ich nun meinen eigenen Weg gehen würde? Diese Fragen kreisten immer und immer wieder wie ein Damoklesschwert über meinem Genick, das jederzeit drohte, hinunterzurasen und mit einem Bruchteil einer Sekunde alles zu verändern. Konnte ich das so einfach, meine Familie im Stich lassen, ihr den Rücken kehren? Sogleich kamen mir Erinnerungen anhand Erzählungen meiner Mutter zu meiner Kindheit hoch und ich musste mit Schrecken feststellen, dass meine erdachte neue Welt deutliche Parallelen zu meinem Vater aufweisen würde. Ich weiß nur aus Erzählungen meiner Mutter, dass er uns verlassen hatte, als ich gerade einmal eineinhalb Jahre alt war. Der Alkohol hat ihn wohl dazu getrieben, aber ich habe keine Erinnerung mehr daran. Ich habe meinen Vater nur einmal gesehen und diese Begegnung verlief in einem völlig anderen Kontext, als man sich seine erste Bekanntschaft mit seinem leiblichen Vater vorstellen würde. Ein Gerichtstermin, in dem er zu viel gezahltes Kindergeld an meine Mutter zurückforderte, sollte mir meinen Vater vorstellen. Als ich vor dem Sitzungssaal dann unverhofft auf ihn traf, stand ich da wie angewurzelt und wusste nicht, was ich sagen sollte. Zum ersten Mal in meinem Leben hatte ich das Gefühl, als würden sich meine Lippen bewegen aber dabei kein Ton herauskommen. Dabei hätte ich so viele Fragen an ihn gehabt, die mir dann aber in einem klitzekleinen Moment im Gerichtssaal alle wieder geraubt wurden. Zunächst fing er an, sich zu entschuldigen. Es würde ihm leidtun, dass er nicht da war, kein Vater war für mich. Tat es ihm tatsächlich leid oder wollte er nur sein Gewissen erleichtern damit? Als ich dann den entscheidenden Satz hörte, konnte ich mir die Antwort darauf selbst geben: „Ich hatte keine Arbeit und ich hatte kein Geld. Das brauchte ich damals zum Leben. Tut mir leid.“ Das war seine bescheidene Begründung, sich aus dem Leben seines Sohnes zu stehlen? Die Wut und die innere Verletztheit packten mich, wobei ich nicht genau sagen konnte, ob es die Tatsache selbst war, dass er sich damals aus dem Staub gemacht hatte oder das dürftige Argument seines Handels selbst war, das mich in diesem Moment so in Rage versetzt hatte. Ich musste meinem Ärger Luft machen: „Weißt du, was ich dir sage, Papa? Ich bin froh, nicht so zu sein wie du! Irgendwann werde ich es dir auch beweisen und ich werde dafür sorgen, nicht dieselben Fehler wie du zu machen!“. Es herrschte eine Totenstille im Gerichtsaal. So als ob meine Aussage gerade gewichtiger wäre als jegliches richterliche Urteil. Denn es war ein Urteil eines Sohnes, das härter mit seinem Vater ins Gericht ging als alle möglichen Strafen selbst. Die Urteilsverkündung traf mich dann doppelt, als feststand, dass ich das Geld an ihn zurückzahlen müsste. Auf dem Flur wollte er nochmals mit mir reden, aber da gab es nichts mehr zu reden für mich! Es war alles gesagt für mich.

In diesem Moment also hatte ich mich dazu entschieden, nicht so zu sein wie er. Aber ist es dann das Richtige, was ich mache? Wie wird es sich für meine Tochter anfühlen, wenn ich gehe? Sie war ebenso gerade eineinhalb Jahre – gleich alt wie ich damals – als ich mich dazu entschlossen hatte, zu gehen. Ich konnte einfach nicht mehr, mir war alles zu viel und die finanzielle Unsicherheit wurde mir zum Verhängnis. Jeden Tag am Fließband zu arbeiten, ohne Aussicht auf Besserung der Situation, keinen Dank dafür zu erhalten und nicht für meine Familie sorgen zu können, waren meine größten Probleme, die ich mit mir selbst ausmachen musste. Aber ich wollte nicht so sein wie mein Vater! Niemals. Ich wollte mich weiterhin um meine Tochter kümmern, mich nicht verstecken, sondern zu ihr stehen. Zuerst wollte ich mein Leben wieder in geordnete Bahnen bringen, dann könnte ich auch ihres bereichern – so mein Gedanke. Ich dachte mir immer, mein Verhalten wäre auch prägend für Hannah. Wollte ich ihr tatsächlich mit auf den Weg geben, dass man sich bei der nächstbesten Gelegenheit einfach aus dem Staub macht…NEIN! Sicher nicht. Ich ließ mich 2 Jahre nach meiner Eheschließung dann scheiden. Warum ich überhaupt geheiratet hatte? Ich will ehrlich sein: Erstens dachte ich immer, dass ich diejenige Frau einmal heirate, mit der ich mein erstes Kind haben werde. Ich war ja auch verliebt, also sprach nichts dagegen, oder? Zweitens waren es aber auch klar finanzielle Anreize, die ich in einer Eheschließung sah. Aber das stellte sich bald als Trugschluss heraus, denn nur das erste Jahr steht man als verheiratetes Paar vor dem Fiskus besser da. Mein angehäufter Schuldenberg, der fehlende gute Steuerberater und die Streitigkeiten mit meiner Frau trugen dann das ihre hinzu, um mich zu dieser Entscheidung zu bewegen.

Heut weiß ich aber, es hätte gar nicht so weit kommen müssen. Alles, was ein Kleinkind in diesem Alter benötigt, ist die bedingungslose Liebe seiner Eltern. Damals aber hatte ich einfach keine Kraft mehr. Der Druck, der auf mir lastete, war viel mehr, als ich in meinen jungen Jahren stemmen konnte. Ich konnte mir auch immer wieder vorwerfen lassen, dass ich ohnehin immer alles falsch machen würde. Gerade was meinen beruflichen Werdegang anbelangt, so würde man mir eine Selbstständigkeit nicht zutrauen. Ehrlicherweise muss ich mir eingestehen, dass damals meine Kritiker recht hatten. Ich betone aber nur damals, denn wie sollte man auch ohne Geld eine Firma gründen können? Aber dennoch möchte ich jenen Kritikern heute aufrichtig danken, denn sie machten mich zu dem Kämpfer, der ich heute bin. Danke!

„Seht nicht das Geld, sondern nur die Liebe zu eurem Kind, für die ihr aufkommen müsst und seid euch stets bewusst, dass jedes Kind den Willen in sich trägt, einmal diese Liebe, welche es bekommen hat, weiterzugeben.“

Erschwerend hinzu kam, dass ich auch meine Freunde nicht um mich herumhatte. Ich war zu weit von zuhause weg, ohne Rückhalt und emotionalen Beistand. Ganz ehrlicherweise und im Nachhinein betrachtet muss ich mir auch einfach eingestehen, dass ich zu schwach war damals, um dies alles meistern zu können. Ich stand mit einer riesen Verantwortung auf der einen Seite und einem riesen Schuldenberg auf der anderen Seite da. Natürlich war ich an meiner Situation selber schuld, dessen bin ich mir sehr wohl bewusst. Heute weiß ich, dass sich alles regeln lässt, sich jede Distanz zu liebgewonnen Menschen überwinden lässt und es immer einen Ausweg gibt! Ein Ausweg kann zugleich ein neuer Anfang sein, es kommt nur ganz darauf an, was du draus machst. Man lernt aber nie aus in seinem Leben, manches Mal eben auf Umwegen oder man nimmt eine Abzweigung, die man für richtig hält in diesem Moment. Warum muss man aber immer alle Fehler machen, die einen von der Spur abbringen, um dann im Nachhinein zu erkennen, dass das die falsche Richtung war? Kann man diese Probleme nicht schon im Vorfeld sehen, sie erahnen, dass sie auf einen zukommen? Sind diese Fehler vorhersehbar und können somit vermieden werden? Gewisse Fehler muss man machen, um aus ihnen zu lernen, aber einige können auch vermieden werden. Diese Fragestellung hat aber auch sehr viel mit meinem Unternehmertum zu tun gehabt und daher werde ich darauf an einer späteren Stelle im Buch zurückkommen. Ich werde sie versuchen dann zu lösen, aber dazu ist es noch etwas zu früh. Aber ich kann euch an dieser Stelle meine persönlichen Erfahrungen mit auf den Weg geben. Ich teile diese gerne mit euch, um vielleicht auch euch ein bisschen zu ermutigen, wenn ihr gerade in derselben Situation steckt, keinen Ausweg mehr kennt und einfach alles hinschmeißen wollt. Diese Gedanken sind legitim. Sie sind menschlich und ehrlich. Dafür braucht man sich weder rechtfertigen noch genieren. Die Konsequenzen aus seinem eigenen Tun und Handeln trägt man ohnehin selbst. Dennoch aber möchte ich einen gutgemeinten Ratschlag mit euch teilen und euch mit auf den Weg geben an dieser Stelle. Macht euch einen Plan und lasst das alte Leben für eine gewisse Zeit hinter euch, bis ihr euch wieder gefunden habt. Und wenn es dabei zu einer Trennung oder Scheidung kommen sollte, dann bleibt immer im Kontakt mit eurem Kind / euren Kindern. Der Scheidungsrichter schenkt einem keine Minute mit dem Kind, die man nicht zuvor schon gehabt hätte, aber sie vielleicht nicht genügend wertgeschätzt hatte. Also pflegt den Kontakt zu euren Kindern von Anfang an. Genießt jede Sekunde, die sie um euch sind und kostet die gemeinsamen Momente vollends aus. Seid da, wenn euch eure Kinder brauchen. Seid ein Freund, ein Vater, eine starke Schulter oder nur ein guter Schulhofkamerad – je nachdem, was eure Kinder gerade benötigen. Vergesst dabei niemals, dass ihr Vorbilder seid für eure Kinder. Ihr lenkt einmal das Verhalten eurer Kinder, ihr beeinflusst das Urteilsvermögen und die Moral!

MEIN LEBEN NEU SORTIERT – DAS WAS WIRKLICH ZÄHLT

Ich wusste, ich musste nun mein Leben wieder neu sortieren und es in die richtigen Bahnen lenken. Vor allen Dingen musste ich mich finanziell und beruflich wieder auf beide Beine stellen, um mich aus der Schuldenfalle zu stemmen. Ganz so einfach stellte es sich allerdings nicht heraus, wie ich es mir vorgestellt hatte. Die Trennung von meiner Frau – auch wenn wir sie beide wollten und nicht im Schlechten auseinandergingen – setzte mir dann doch zu und es zog sich länger hin, als erwartet. Heiraten an sich geht schnell, sich dann wieder zu trennen hingegen ist ein Geduldakt. Man eilt von einem Behördengang zum nächsten, Rechtsanwaltstermine häuften sich und Formalitäten mussten geregelt werden. Noch dazu wird man dabei mit Begriffen konfrontiert, von denen ich zumindest im Vorfeld noch nie etwas gehört hatte und plötzlich musste ich mich aber damit auseinandersetzen: Unterhaltsansprüche, Kindesunterhalt, Obsorge und Kontaktregelung, Aufteilung von Vermögen und Schulden…

Viel Bürokratie für Nichts im Endeffekt, auch das Jugendamt war schließlich involviert. Was so einfach aussieht, wenn zwei Menschen sich entscheiden, nicht mehr zusammen zu sein, kann komplizierte Formen annehmen. Dabei ging es mir und uns immer nur um das Eine – nämlich um unsere Tochter Hannah. Sie sollte so wenig wie möglich von all den Strapazen mitbekommen, möglichst behütet aufwachsen und beide Elternteile an ihrer Seite wissen. Zwischen all den Amtsgängen und Formalitäten ist es nicht immer leicht, den Fokus zu behalten.

Sollte mir dies einmal nicht gelungen sein, meine liebe Hannah, so würde ich dir gerne ein paar Zeilen da lassen…

Liebe Hannah,

Ich wollte immer für meine Familie da sein und Hannah, du sollst wissen, auch wenn Papa einmal gerade nichts mit sich selbst anfangen konnte, weil ihm alles über den Kopf wuchs, so war und ist er dennoch immer für dich da! Ich weiß auch nicht, ob du dich an diese Zeit überhaupt noch erinnern kannst. Vielleicht denkst du oft nach, wie es denn gewesen wäre, in einer intakten Familie aufzuwachsen? Diesen Wunsch kann ich dir nicht mehr erfüllen, aber ich kann dir immer zur Seite stehen, dir ein offenes Ohr und eine starke Schulter zum Anlehnen sein! Sollte ich einmal nicht dem Papa entsprochen haben, den du dir gewünscht hast, so möchte ich mich von Herzen bei dir dafür entschuldigen! Ich habe bestimmt nicht alles richtig gemacht, ja sogar sehr viele Fehler begangen in meiner Vergangenheit. Aber mein größtes Glück warst und bist du! Heute weiß ich, dass all der Reichtum mir nichts nützt, denn du warst und bist die einzige Antwort auf mein Streben nach Glück!

Ich liebe dich, mein Engel.
Dein PAPA.

Des Öfteren haben ich und meine Ex-Frau im Trennungsjahr wieder versucht, zueinander zu finden. Bei manchen Paaren sollte dies ja durchaus der Fall sein, aber bei uns traf dies leider nicht zu. Ein eindeutiges Zeichen für mich, neue Wege einzuschlagen. Jetzt war der richtige Zeitpunkt dafür. Jetzt musste ich etwas ändern! Es wäre aber dann nicht Ich, wenn ich nicht wieder versucht hätte, meinen Trennungsschmerz in einer neuen Beziehung zu verdrängen. Diesem Muster blieb ich leider doch treu. Schon nach einigen Monaten gab es dann eine neue Frau an meiner Seite. Echt schnell. Zu schnell! Natürlich war ich nicht über den Trennungsschmerz hinweg und natürlich wollte ich mir das zum damaligen Zeitpunkt auch nicht eingestehen. Aber was schmeichelt dem eigenen Ego, das gebeutelt vom Verlust des Partners und in seinem Stolz ziemlich gekränkt auf der krampfhaften Suche nach Kompensation ist, mehr, als wieder „daten" zu gehen und sich „neu zu verlieben"? So mancher kennt bestimmt das scheinbar neue Glücksgefühl, dass es da doch noch einen Menschen gibt, dem man etwas bedeutet und der sich zu einem hingezogen fühlt. Das fühlt sich auch prima an! Ist es aber nicht auf Dauer…In vielen Fällen zumindest.

Man nimmt nur Lasten aus der alten Beziehung in die neue mit und somit ist diese auch von Anfang an zum Scheitern verurteilt, weil sie aus den falschen Beweggründen heraus eingegangen wurde. Ja, manches Mal muss man eben Fehler öfter wiederholen, um zu begreifen, dass man hier tatsächlich irrt. Da war ich keine Ausnahme. Aber zumindest verstand sich meine neue Freundin gut mit meiner Tochter, das hatte für mich oberste Priorität. So, dachte ich zumindest, könnte ich wieder einen Ausgleich finden und mich von der Trennungssituation einerseits aber auch der unliebsamen Arbeit in der Fabrik ablenken. Tatsächlich wurde der Druck in der Fabrik immer größer und stellte eine Doppelbelastung für mich dar. Ich hatte immer noch keinen festen Arbeitsvertrag in der Tasche und bald schon war ich ständig mit der Angst konfrontiert, bald gehen zu müssen. Die Auftragslage war sehr heikel und natürlich wäre ich dann einer der Ersten gewesen, der seine Sachen hätte packen müssen. Das wurde mir auch des Öfteren gesagt und jedes Mal aufs Neue riss es mich aus meiner vermeintlich heilen Welt. Grund hierfür war nicht, dass ich schlecht in meiner Arbeit war, sondern in heiklen Situationen wie zum Beispiel sinkender Auftragslage einfach jeder gehen muss. Das ist einfach Fabrik und Zeitarbeit. Man darf sich nie in der sicheren Position sehen, sondern - egal wie gut man ist und wenn auch deine Vorgesetzen deine Arbeit immer lobpreisen - immer damit rechnen muss, von heute auf morgen keine Arbeit mehr zu haben. Es sind nicht deine Vorgesetzten, die entscheiden, wer geht und wer nicht. Zumindest in großen Fabriken oder Unternehmen nicht. Es sind lediglich die ZDF (Zahlen, Daten, Fakten) die über deinen Aus oder Einstieg entscheiden. Leider! Hier also auch ein kleiner Aufruf an alle noch so gut finanzierten Unternehmen über den Staat oder das Land. Hört auf so zu denken, denn irgendwann werdet ihr nichts mehr davon haben und eure noch so guten Arbeitskräfte werden nicht mehr so arbeiten wie ihr es gerne hättet. Schätzt eure Mitarbeiter/Innen und lasst die guten Ideen von Ihnen zu einem besseren Arbeitsklima und Leistung beitragen. Hört Ihnen zu und kombiniert deren Lösungen damit am Ende ein besseres Umsetzen gelingt. Dies sorgt für ein sozial perfektes Arbeitsklima und steigert nicht nur die Leistung, sondern auch die Arbeitszufriedenheit und diese ist mitunter das wichtigste Gut. Hört die Vorschläge der Arbeitnehmer/Innen an, denn immerhin sind sie es, die den ganzen Tag die körperliche Arbeit verrichten und nicht die Ingenieure im Büro.

Die Spuren von damals, die diese Zeit bei mir hinterlassen hatte, waren auch gesundheitlich noch lange zu sehen. Davon möchte ich aber zu einem späteren Zeitpunkt berichten. In mir wuchs umso mehr der Gedanke, mich beruflich zu verändern, mir eine Tätigkeit mit mehr Sicherheit zu suchen und gleichzeitig gutes Geld zu verdienen, das ich nun tatsächlich bitternötig hatte. Immerhin hatte der finanzielle Druck auch sein Wesentliches zu meiner Scheidung beigetragen. Das würde man gar nicht vermuten, aber finanzielle Sorgen sind tatsächlich Streitpunkt Nummer eins, sei es privat, in einer Beziehung oder Ehe.

Ich wusste also, hier müsste ich zuerst ansetzen, um wieder ein Stückchen Normalität in mein Leben bringen zu können.

Paradoxerweise war es gerade meine neue Freundin, die mir dabei helfen sollte. Sie hatte sehr viel Ahnung, was Finanzen betrifft, hatte sie doch bereits vor ihrem Studium in einer Bank gearbeitet und sich dabei auch schon einen Namen aufgebaut. Sie half mir, wo sie nur konnte und war mir wahrlich eine enorme Stütze in dieser Zeit. Dafür möchte ich ihr ein großes Dankeschön aussprechen! Aber mehr noch, sie half mir nicht nur, meine Schulden zu tilgen, sondern ihr verdanke ich auch meine ersten Einblicke in die Finanzwelt. Sie brachte mir ihre Kenntnisse auf direktem Wege näher und schon bald merkte ich, dass ich daran Gefallen fand. Wäre denn die Finanzdienstleistung etwas für mich? Könnte ich hier beruflich Fuß fassen?

Ich stürzte mich täglich in Recherchen im Internet, um herauszufinden, womit ich denn Geld verdienen könnte. Natürlich kam auch ich an Network Marketing nicht vorbei und versuchte, mich etwas einzulesen, wie man damit Geld verdienen kann. Ein riesiges Schneeballsystem klarerweise, aber damals wollte ich meinen Versuch damit starten. Ich stieß sogleich auf Kosmetikartikel, die ich vertreiben wollte. So hatte ich mir anfänglich einige Produkte zugelegt, um diese auch vorführen zu können und dann an die Frau zu bringen. Verkauf war ja tatsächlich mein Leben, ungeachtet der Produkte, so dachte ich! Schnell stellte sich dann aber heraus, dass diese Seifenblase vom guten Verdienst bald platzte, die Produkte nicht hielten, was sie versprachen und ich nicht auf die Art und Weise verkaufen möchte. Ich wollte etwas vertreiben, wovon ich selbst auch überzeugt bin. Ein ehrlicher Verkäufer wollte ich sein, der hinter seinem Angebot und seinen Produkten steht. Eine rare und vom Aussterben bedrohte Gattung, das ist mir durchaus bewusst.

Also wandte ich mich auch von dieser Möglichkeit ab. Ich musste also weitersuchen. Zwischenzeitlich kam mir der Gedanke, ich könnte einstweilen versuchen, mit Einsparungen meinen Schuldenberg zumindest nicht noch mehr anwachsen zu lassen. Der erste Gedanke war dabei meine Versicherungen und so war mein erster Griff zum verstaubten Ordner, prall gefüllt mit Verträgen und Policen.

Ich machte mich daran, alle durchzuarbeiten und musste schmerzlich feststellen, dass ich einfach Unmengen an Geld für Versicherungen ausgab. Nun gut, jeder Mensch macht einmal Fehler und ich müsste diesen nun korrigieren. Also rief ich meinen Versicherungsmakler an, um mir hier bessere Konditionen und Kenntnis darüber zu holen. Gleichzeitig kam mir auch der Gedanke, ich könnte von einigen Verträgen, in die ich schon lange einzahlte, wieder etwas Geld herausholen. Mein erhoffter, kurzfristiger Geldsegen blieb jedoch aus und mein Makler meinte, wir müssten hier einen anderen Weg finden, um an Geld zu kommen. Ich hatte damals noch keine Ahnung, was er damit meinte, aber er erklärte es mir sogleich. Mit Versicherungsvergleichen ließe sich hier bares Geld sparen, ohne dass ich aber den Schutz verlieren würde. Er holte daher bei verschiedenen Anbietern Angebote für mich ein und wir trafen uns ein zweites Mal zur Besprechung. Als wir die vielen neuen Angebote durcharbeiteten, kamen der Makler und ich etwas näher ins Gespräch. Er erkundigte sich nach meinem aktuellen Arbeitsverhältnis bei dem Automobilhersteller, bei dem ich arbeitete und sprach mich gleichzeitig auf den riesen Schuldenberg an, der ihm nicht entgangen ist. Ich machte ihm verständlich, dass ich lieber wieder als Kaufmann arbeiten würde, diese Arbeit fehlte mir sehr. Nachdem mein Versicherungsmakler mich auch schon nach meinem Unfall unterstützt hatte und ein **wahrer Dienstleister** war, wollte er mir auch erneut unter die Arme greifen. Er hatte auch schon eine konkrete Idee, als er mich fragte: „Ich sehe deinen Ehrgeiz und gleichzeitig auch deine Schulden. Ich möchte dir eine Möglichkeit anbieten, wie du dich wieder mit eigener Kraft aus der Schuldenfalle herausarbeiten kannst. Manuel, gefällt dir eigentlich, was ich mache?". Natürlich, dachte ich! Es ist ein super Job, man kann Menschen helfen und ist dabei auch noch Kaufmann. Und so entstand meine nächste berufliche Leidenschaft, von der ich mir erhoffte, aus dem tristen Fabrikalltag entfliehen zu können. Mein Makler und später auch Mentor bestärkte mich in meinem Vorhaben, natürlich nicht ganz uneigennützig. Er wollte mich langsam an die Tätigkeit heranbringen und meinte, ich sollte zunächst neue Kunden generieren, indem ich einfach deren Ordner beschaffen sollte und diesen würden wir dann gemeinsam durchgehen. Pro Kunde würde er mir hier € 50.- in Aussicht stellen. Klasse! Ich war Feuer und Flamme von der Idee. So kam die Zeit, in der ich des Öfteren nach meiner Frühschicht in der Fabrik mich gleich in die unterschiedlichsten Verträge und Dokumente stürzte. Ich wollte alles erlernen, jeden Input aufsaugen und holte mir auch verschiedene Infos von Maklern, von Kollegen oder auch aus dem Internet. So verging die Zeit, die ich mit Einholen von Informationen, Erlernen des Versicherungs-Jargons und Selbstmotivation verbrachte. Ich konnte mir dabei nicht nur ein enormes Wissen selbst aneignen, sondern auch gleichzeitig meine eigenen Finanzen unter die Lupe nehmen. Daraus habe ich sehr viel gelernt. Tatsächlich blieb ich eines Tages fassungslos über die Endsumme sitzen, die ich eruiert hatte, nachdem ich alle meine Ausgaben notiert und zusammengetragen hatte. Über einen Zeitraum von fünf Jahren schaffte ich es doch tatsächlich, 115.000 Euro auszugeben. Aber nicht nur, dass ich zu viel ausgegeben hatte, sondern auch beim Thema Veranlagung und Sparen konnte ich nicht gerade mit Wissen glänzen. Das lag aber leider auch in der Familie. Durch Leichtgläubigkeit hat auch meine Mutter damals den falschen Menschen vertraut und ein Haus, das wir vererbt bekamen, zu einem Spotpreis verkauft. Menschen machen Fehler, wenn sie verschuldet sind. Der Druck, sich von irgendwo Geld verschaffen zu müssen, lässt Menschen zu solchen kurzschlüssigen Aktionen verleiten. Das macht ihre Situation zwar kurzfristig besser, aber auf lange Sicht gesehen sind solche Aktionen eher schädlich. Das erkennt man aber erst, wenn man auf diese Zeit zurückblicken kann. Daher liegt es mir besonders am Herzen, hier eine Botschaft in die Welt hinauszutragen. Mir geht es absolut nicht darum, in kurzer Zeit reich zu werden oder ein Vermögen zu scheffeln. Nein, ganz im Gegenteil. Ich bin an Lösungen interessiert, wie es jeder schaffen kann, aus solchen Situationen wieder herauszukommen, ohne solche Kardinalfehler zu begehen. Mit eisernem Blick nach vorne, Selbstdisziplin und einem richtigen und wahrhaftigen Dienstleister an der Hand!

Es dauerte auch nicht lange, da hatte ich schon den ersten Versicherungsordner eines Freundes und gleichzeitig eines potentiellen Neukunden eingesammelt. Nun war ich gespannt, wie es denn weiterginge. Mein Makler und Mentor bat mich zu sich ins Büro, um den Ordner nach Papierleichen durchzusehen. Nach kurzem Blättern kam der Makler bereits zu dem Entschluss, dass viele Verträge veraltet oder überversichert wären, oder die Prämien zu hoch seien. Ich wurde neugierig, wie er denn das so schnell überblicken könne, ohne auch nur einen Blick in den PC geworfen zu haben. Mein Makler lächelte mir zu und meinte, wenn man dies seit 25 Jahren macht, dann sieht man das sofort. Da fiel mir auf, dass ich doch eine ganze Menge lernen musste, aber dafür war ich bereit! So starteten wir den Konfigurator am PC um die erste Meinung zu bestätigen und tatsächlich verhielt es sich so, wie der Makler vermutet hatte. 5 Stunden und unzählige Telefonate dauerte es, bis wir alle Verträge gesichtet und die Prämien neu berechnet und die Leistungen aktualisiert hatten. Ich ließ mir die Berechnungen drucken und lernte gleichzeitig auch nicht nur den Unterschied zu erkennen, sondern diesen auch dem Kunden verständlich zu erklären. Schließlich konnten wir dem Kunden helfen, jede Menge Geld zu sparen. Genau das war es, was ich wollte! Aber ich wollte selbst diese Gespräche führen und so fragte ich einfach darauf los, ob ich das auch einmal machen dürfte. Erstaunlicherweise meinte mein Makler sofort, dass er ein gutes Gefühl bei mir habe und ich ihm ja bewiesen hätte, dass ich es verstünde und dazu in der Lage sei. Sofort wollte ich mich an meine „Hausaufgaben" machen und die Versicherungen meines ersten Kunden durchsehen. Als ich den Ordner des Kunden in die Hand gedrückt bekommen hatte, fiel mir sofort auf, dass es offensichtlich nicht nur mir so ging, dass ich Fehler bei meinem eigenen Versicherungsschutz machte. Ich analysierte sofort alle Verträge und insgeheim in meinem Kopf erstellte ich auch einen Fahrplan zur Schuldentilgung für den Kunden. Ich konnte mein Glück kaum fassen, als ich tatsächlich dann gemeinsam mit meinem Makler – meinem Mentor - beim ersten Kundengespräch bei ihm zuhause saß. Das war genau DAS, was ich beruflich machen wollte! Ich war aufgeregt, ob denn auch meine Arbeit dem Kundenwunsch entsprechen würde und vor allem ob mein Makler mit meinen Recherchen und Analysen denn zufrieden sei. Ich wollte mich natürlich gleich einbringen ins Gespräch, aber ich hörte zunächst aufmerksam zu. Ich hatte alle Mühe und Not, meine Lösungsvorschläge zunächst hinter den Berg zu halten, die Empfehlungen wollten nur gerade so aus mit heraussprudeln. Aber ich wusste, ich würde noch Gelegenheit dazu bekommen und so grinste ich dann von einem Ohr zum anderen, als der Makler mich als seinen Kollegen vorstellte. Endlich durfte ich erzählen, was mir so lange auf der Zunge gelegen hat!

WIE ALLES BEGANN – VON DER IDEE ZU ETWAS GANZ GROSSEM

Ich saugte alle Informationen auf, die ich nur bekommen konnte während der persönlichen Gespräche bei und mit den Kunden und meinem Makler. Es dauerte auch nicht lange und da fiel das Stichwort „Berufsunfähigkeitsversicherung“. Davon konnte ich selbst aus der Praxis berichten. Ich wusste bereits, dass der Schutz ab dem Tage beginnt, an dem die Police bei einem eintrifft – auch wenn man die erste Zahlung noch nicht geleistet hatte. Zudem konnte ich berichten, dass ich neben meiner Ausbildung immer noch Geld bekam von der Versicherung. Auf erstauntes Fragen, warum die Versicherung dennoch zahlte, obwohl ich ja arbeiten ging, wusste ich natürlich auch sofort die Antwort darauf. Ich hatte die Berufsunfähigkeit auf den KFZ Mechatroniker abgeschlossen. Nachdem ich meinen erlernten Beruf also nicht mehr ausüben konnte, zahlte die Versicherung. So bekam ich zu meinem Ausbildungsgeld rund 340 Euro im Monat dazu. Nur, als ich dann in der Fabrik angefangen hatte zu arbeiten, versiegten die Leistungen. Diese Tätigkeit war artverwandt mit meiner Ausbildung und somit entfiel die Grundlage zur Weiterzahlung. Ich hatte die Versicherung damals dann auch gekündigt, da ich keine großen Ausgaben mehr haben wollte. Dafür könnte ich mich heute selbst ohrfeigen. Aber man lernt aus Fehlern und ich wollte unbedingt den Kunden/Innen helfen, aus (diesen Fehlern, die ich selbst machte) zu lernen oder bestenfalls, dass diese erst gar nicht begangen werden. So entwickelte ich eine ungeheure Leidenschaft für das, was ich tat. Ich konnte meine Kenntnisse und Fähigkeiten sinnvoll einsetzen und weitergeben und dabei noch anderen Menschen helfen. Bald schon baute ich mein Netzwerk aus und ich begann auch immer, meine persönliche Geschichte zum Anlass zu nehmen, um die Versicherungen der Kunden/Innen neu zu überdenken. Irgendwann bekam ich das dann auch als Feedback zurück, dass ich aufgrund meiner authentischen und persönlichen Geschichte in der Lage sei, ein so trockenes Feld wie Versicherungen interessant und spannend zu gestalten. Ich war angekommen! Mit meiner ehrlichen Art schaffte ich es, selbst unliebsame Geldthemen offen anzusprechen. Mir fiel auf, dass, wenn ich ihnen meine eigene Schuldengeschichte erzähle, sie sich dann auch mir gegenüber öffnen mit ihren Sorgen.

Hier der Weckruf an alle Dienstleister. Seid IHR selbst und verstellt euch nicht. Redet über eure Schicksalsschläge, über all das, was euch soweit gebracht hat umzudenken. Wir Menschen geben uns nur den Personen offen, welche sich uns auch offen geben. Sprecht von euren Fehlern und euren Niederlagen. Denn hier entsteht das wahrhaftig sinnvolle Gespräch zwischen beiden Parteien. Seit für diesen Moment nicht der Verkäufer, sondern der Freund mit welchem man auch mal ein Bier trinken kann. Genau das ist es und bitte vergesst nie, dass es nicht die Provisionen sind, die euch glücklich machen - okay vielleicht für einen Moment – aber nicht auf Dauer. Auf Dauer macht euch die Beziehung mit euren Kunden glücklich. Denn vergesst niemals: Schnelles Geld kann auch schnell wieder gehen! Gute langfristige Kundenbeziehungen steigern euer Wohlbefinden und auch den Wachstum eures Kundenstammes.

Und ich merkte, in diesem Bereich gäbe es tatsächlich Potential. Immer wieder fragte ich Kunden/Innen, ob sie denn einmal selbst in den Versicherungsordner geblickt hätten und ob sie wüssten, wie viel sie für welche Leistungen zahlen würden. Erschreckenderweise bekam ich überwiegend die Antwort, dass dies ganz und gar nicht der Fall sei. Viele konnten mir nicht einmal sagen, welche Versicherungen generell sie abgeschlossen hätten. „Der Makler hat sich irgendwann nicht mehr gemeldet und seitdem liegt das Zeug da herum!“, war nur eine von vielen Aussagen. Ich war entsetzt und gleichzeitig entfachte sich in mir eine Berufung! Weiß der Großteil der Menschen tatsächlich nicht, wofür sie bezahlen oder besser gesagt wofür sie ihr Geld beim Fenster rauswerfen? Hier geht es immerhin um den persönlichen Schutz und um die Absicherung. Wie kann man diesem wichtigen Bereich nur so wenig Bedeutung beimessen? Ich wollte hier der Ursache unbedingt auf den Grund gehen. Relativ rasch sollte ich darauf eine Antwort erhalten. Es lag selten an den Versicherungsgesellschaften selbst, sondern fast ausschließlich an deren Vertretern oder Maklern, die einfach nur das schnelle Geld sahen. Eine wahre Werteverschiebung also, hier stand die Unterschrift über das Wohl des Kunden! So wollte ich nicht arbeiten. Ich wollte den Menschen und seine Bedürfnisse in den Vordergrund stellen und nicht den reinen Abschluss. Natürlich war ich keine gemeinnützige Vereinigung und wollte etwas daran verdienen, aber genau aus diesem Grund machte ich mir immer auch klar, dass ich hier vielleicht bald in die nächste Schuldenfalle schlittern könnte, mit der sogenannten Stornohaftung. Kündigt ein Kunde eine Versicherung binnen 1-8 Jahren, je nach Art, so muss die Provision teilweise oder zur Gänze zurückbezahlt werden. Das kann ganz schön eng werden für den Makler, besonders dann, wenn die Versicherung nur aufgrund der Provision „eingeredet“ wurde. Schließt man also voller Tatendrang einen Vertrag nach dem andern ab und werden diese dann storniert, so platzt der Traum vom schnellen Geld. Was aber noch erschwerend hinzukommt, war, dass man den Ruf eines Betrügers bekommt, so wie ihn viele aus der Branche genießen und nun wusste ich auch, warum! Ich wollte daher ein Umdenken in dieser Branche bewirken, ihr neuen, ehrlichen und frischen Atem einhauchen und positive Veränderungen im Sinne der Kunden/Innen bewirken. Das konnte ich aber nur sicherstellen, indem ich nicht für eine Versicherung tätig war, sondern selbst unabhängiger Makler werde. Ich wollte kein „Struki“ sein. Dieser Begriff bringt mich heute noch zum Schmunzeln. Es bezeichnet eine Person, die einem reinen Strukturvertrieb nachgeht, ohne den Menschen dahinter zu sehen. Daher an dieser Stelle mein großer Appell an alle, die diesem Schema folgen. Denkt um und geht neue Wege! Auch an die Versicherungsgesellschaften möchte ich appellieren, dass hier die alten, verrosteten Strukturwege aufgebrochen werden und eine digitale Ordnung angestrebt wird. Befeuert eure Kunden/Innen nicht so lange mit unzähligen Formularen und Zetteln zum Ausfüllen, bis sich diese der Zettelflut unterwürfig ergeben! Zum anderen wissen die Kunden nicht mal, was für eine Sch..ße ihr in euren AGB´s schreibt, weil den Mist keiner liest, wenn sich der Kunde nicht auskennt. Mittlerweile habe ich Situation erkannt, bei denen nicht mal Vorstände wissen was in Ihrem Verträgen steht. Über Meetings wird einem erklärt, welche

Vorteile ein Vertrag für die Kunden hat, aber nicht was schlecht daran ist. Schluss damit! Hört endlich auf und sorgt für verständlich, klare Verhältnisse und einen umfassenden Schutz für Abnehmer.

Ich wäre aber nicht Ich, wenn ich der Ursache nicht noch tiefer auf den Grund gehen würde. Das schnelle Geld kann nicht die einzige Motivation zu einem solchen Vertrieb sein. Und tatsächlich, ich fand noch eine weitere Tatsache heraus, die dringend aufgedeckt werden müsste. Viele große Agenturen holen sich junge Makleranwärter, regelrechte Neulinge, die dann ohne großes Wissen oder Erfahrungen auf den Kunden losgelassen werden. Mit dem Ziel, möglichst viele Aufträge zu generieren, ist dieser dann ständig auf der Pirsch nach der Unterschrift – immer ein Auge auf die Umsatzzahlen oder Verkaufszahlen. Dann kommt aber, was einfach kommen muss. Anrufe

der Kunden/Innen häufen sich, sei es aus Schadensfällen oder anderen Belangen – und das zu jeder möglichen und unmöglichen Uhrzeit! Logischerweise wächst dann dieser Druck gerade bei Neulingen in der Branche relativ rasch über beide Ohren. Er kann dem Druck nicht standhalten, ist nicht versiert im Umgang damit und dann passieren auch noch Fehler.

Dieser Umstand beschäftigte mich immer und immer wieder, er hielt mich oft Nächte lang wach, in denen ich in meinem Bett lag und darüber nachdachte, dass man hier doch einfach etwas ändern müsste. Ich war davon überzeugt, dass es hier Mittel und Wege gab und dass vielleicht sogar ich selbst dafür sorgen könnte! Ich wollte unbedingt auch meiner Freundin von meinem Gedanken erzählen. Doch dann geschah etwas, womit ich nicht gerechnet hatte und was wieder einen Wendepunkt in meinem privaten Leben hervorrief. Sie meinte kühl: **„Manuel, ein Hauptschüler kann keine Firma gründen!“.** Mit diesem kurzen, aber prägnanten Satz zerstörte sie nicht nur wieder meinen Glauben an mich selbst, sondern auch meine Gefühle zu ihr. Ich kann es mir bis heute nicht genau erklären, warum es so viel mit mir machte, aber seit der Sekunde war meine Liebe zu ihr erloschen. Erschwerend kam hinzu, dass ich dachte, ich sei nun abermals auf mich alleine gestellt, wie so oft zu vor auch schon. „Ich war es leid, mir anhören zu müssen, dass du nicht an mich glaubst und deshalb wachst du auch heute nicht mehr neben mir auf!“

Die negative Gedankenspirale begann sich wieder zu drehen. Streitigkeiten mit meiner Ex- Frau kamen schließlich auch noch hinzu und meiner Freundin wurde alles zu viel. So trennten sich unsere Wege auf seltsame Art und Weise. Im Nachhinein musste ich dann auch noch feststellen, dass sie wohl der Karriere mehr zugetan war, als mir und sie mich tatsächlich auch wegen eines neuen Jobs in einer anderen Stadt verlassen hatte. Nun stand ich wieder alleine da. Abermals mit gebrochenem Herzen und geknickter Seele.

Karriere und Geld verdienen sind zwei gute Sachen, aber sie wiegen die Tatsache nicht auf, dass man seine Liebe zurücklassen muss. Ist es das denn überhaupt wert? Ich habe viel gelernt aus dieser Beziehung und stehe heute gefestigter dar. Man lernt aus seinen Fehlern und versucht sich sein eigenes Leitbild zu verschaffen. Wer ist man wirklich? Wohin möchte man? Was ist einem wichtig?

„Zugegeben, es gab in meinem Leben mehr als genug bewegende Momente. An den meisten Menschen zieht das Leben vorüber, während sie damit beschäftigt sind, grandiose Pläne zu schmieden."

(Filmzitat: Blow)

„Ich bahne mir den Weg nach oben ohne einen Cent. Wie eine Rose die sich durch den Asphalt kämpft!"

Durch den sturen Willen und hartnäckige Gedanken an eine erfolgreiche Zukunft lässt man alles an sich vorbeiziehen. Die schönen Momente sind auf einmal nicht mehr sichtbar. Man übersieht sie zu leicht, denn man hat permanent nur den Plan vom eigenen Erfolg im Auge. Dieser Umstand kann viel in einem Leben zerstören. Unwiderruflich. Er nagt sich fest in der Gefühlswelt von einem selbst aber auch in jener von Menschen, die man wirklich liebt. Es ist umso wichtiger, Personen im Leben zu haben, die einen lieben und unterstützen, gerade, wenn man sie am dringendsten benötigt.

So war mir also Karriere dann nur mehr unter der Prämisse wichtig, wenn ich auch eine Partnerin an meiner Seite habe, die an mich und meinen Weg glaubt. Und ich glaubte an meinen!

DIE GEBURTSSTUNDE VON MEINEM ICH ALS UNTERNEHMER

Ich war fest davon überzeugt, dass ich meinen Weg gehen würde und so begann ich eines Abends, nach vielen Kundengesprächen, mir Lösungswege zu notieren. Ich saß auf meiner Couch, mit dem Hauptschulabschluss
und meiner kaufmännischen Ausbildung in der Hand, aber mit einer brennenden Ideen im Kopf! Ich notierte alles, was mir dazu einfiel. Stichwörter reihten sich aneinander, Konzeptfetzen schwirrten auf dem weißen Blatt Papier umher. So schrieb ich einige Seiten voll, die weder Anfang noch Ende hatten aber mir war klar, dass das der Grundstein eines überragenden Konzeptes war. Darunter befand sich ein Begriff, mit dem ich laufend konfrontiert wurde: Versicherungsordner. Viele Kunden/Innen hatte einen Ordner, meist irgendwo ganz hinten im Schrank verstaut, wo sie ihre Versicherungen aufbewahrten. Ich wusste, hier müsste ich ansetzen. Dieses System war weder zeitgemäß noch übersichtlich. So starrte ich auf mein Handy – ein Gebrauchsgegenstand, den wir alle täglich nutzen – und schon fiel es mir wie Schuppen von den Augen. Das ist es! Eine digitale Lösung muss her, bei der die Daten jederzeit abrufbar sind. Schnell, einfach, handlich und allen voran auch übersichtlich. Ein einfacher Blick auf das Mobilgerät sollte reichen, um sich im Dickicht seiner eigenen Finanzen zurecht zu finden. Sogleich fiel mir ein Songtext ein, der mich darin bestärkte und meinen Willen zum Erfolg anfeuerte: *KcRebell – Iphone 17*

Als ich dieses Lied zum ersten Mal hörte, da fiel mir ein, dass ich definitiv in Richtung Digitalisierung gehen muss. Doch ich musste zunächst herausfinden, was denn die wichtigsten Dinge sind, um daraus ein Konzept erstellen zu können. Ich bemerkte schnell, dass sich im Jahre 2017 weder Unternehmen noch Kunden/Innen mit der Digitalisierung ausgiebiger befassten. Bestimmt war es schon in aller Munde, aber so richtig befasst hatten sich damals noch die wenigsten. Besonders die Versicherungsunternehmen, die in so vielen Fällen auf alten Tugenden und Strukturen bestehen, sehen es nicht ein, etwas zu ändern. Ein Satz, den ich hier mal von einem Vorstand in der Versicherungsbranche gehört hatte, war: „Herr Eichberger, wieso sollten wir was ändern? Es läuft und bringt uns Geld!“, heftig, oder? Wenn man sich überlegt, was ich darauf zu sagen hatte, und das war:

„Ist das Ihr Ernst? Was ist mit dem Wohl des Kunden und der Dienstleister? Denken Sie wirklich, dass ihre Vorgehen in Zukunft bestehen werden? Und es in ihrem Unternehmen so weitergehen kann? Darauf erhielt ich die sehr trockene Antwort:

„Herr Eichberger, es interessiert uns nicht. Wir bekommen unser Geld und gut ist es. Das Problem sind nicht wir, sondern unsere Vertreter, wenn diese wieder „verkaufen“ und nicht mal wissen was sie anbieten!“ Ich erwiderte nur:“ Ohne Mist jetzt? Ist das Ihr Ernst? Und es schoss aus mir heraus:

„Wenn Sie eine Lösung finden wie die Dienstleister und Kunden zufrieden sind und **beide** endlich das bekommen was sie brauchen, interessiert es Sie dann auch nicht?“ Es kam wiederum eine Antwort und diese lautete einfach nur:

„NEIN!" Ich beschloss danach das Telefonat zu beenden und war wahrhaftig erschrocken, wie das nur so sein kann. Ich bin ein kleiner Fisch, aber habe mir zum Ziel gesetzt, endlich Gerechtigkeit in diese Dienstleistungen zu bringen und das schaffe ich. Mit meinem Glauben an mich selbst und eurem Zuspruch. Lasst es uns einfach besser und neu machen, um in Zukunft für unser gemeinsames Wohl zu sorgen.

An die Versicherungsgesellschaften:
„Bei euch ist man nur erwünscht, solang man Geld macht!
Geschlossene Gesellschaft!"
Dazu kann ich aus heutiger Sicht nur so antworten:
„Der Kuchen ist groß genug, um ihn aufzuteilen!"

Das ermunterte mich nur umso mehr, hier einen Meilenstein zu setzen!

Ich kaufte mir unzählige Bücher sowie Fachliteratur. Verschlang die außergewöhnlichsten Geschichten von noch außergewöhnlichen Menschen, die mit einer Idee zu großen Unternehmern wurden. Ein Lieblingswerk von mir war **„Rich Dad, Poor Dad"**. Ich las es jeden Tag im Bus auf dem Weg zur Arbeit und wieder retour. Es hat mich gelehrt, dass egal wie arm oder verschuldet man ist, es gibt immer Lösungen aus diesem Elend heraus. Dazu gehört aber, dass man an seine Träume glaubt, den richtigen Lehrer hat und sich ein bedeutendes Netzwerk aufbaut. Ich erkannte mich in vielen Werken wieder, was mir unglaublichen Mut gab und mich bestätigte, auf dem richtigen Wege zu sein. Beruflich nun angekommen zu sein bei dem, was ich wirklich machen möchte, wofür mein Herz schlägt und meine Leidenschaft brennt. **Mir wurde klar, ich möchte Unternehmer werden, ich wollte ein Produkt oder eine Dienstleistung auf den Markt bringen, das jedem Menschen in egal welcher Lebenssituation helfen kann, seine Finanzen aufzubessern und noch dazu einen persönlichen und verlässlichen Ansprechpartner an seiner Seite zu haben.** Es war der Grundstock meines späteren Unternehmens „Asurfriends", welches aber in seiner Anfangsphase noch „Mysafetyoffice" hieß. Ich verbrachte seitdem

jeden Tag damit, mich mit meiner Idee auseinanderzusetzen und sie von Tag zu Tag auch konkreter werden zu lassen. Der Anfang war das schwierigste, ich wusste nicht so recht, wie ich es anstellen sollte. Gründe ich eine Agentur und vertreibe das Produkt nur regional? Oder soll ich zielsicher in Unternehmen spazieren und dort meine Ideen präsentieren? Gehe ich zur Bank, frage um einen Kredit an und verschulde mich somit neu oder frage ich Freunde? Alles Fragen, die dringend beantwortet werden mussten. Die Idee mit der Agentur fiel sehr schnell wieder flach, denn dafür brauchte man einen Abschluss. Das müsste ich also etwas nach hinten schieben. Damals wusste ich noch nicht, dass mir ein langer und auch sehr steiniger Weg noch bevorstehen würde sowie jede Menge Arbeit auf mich zukommt. Aber das nennt man dann wohl Unternehmertum!

Man braucht einen langen Atem, aber diesen entwickelt man mit der Zeit und man findet sich dann immer mehr und mehr zurecht in seiner neuen Rolle als künftiger Unternehmer. Mir war aber auch bewusst, dass ich in gewissen Bereichen noch Hilfe benötigen würde und so beschloss ich, das Gründerzentrum Passau anzuschreiben per Mail um dort einmal vorstellig zu werden mit meiner Idee. Relativ rasch stand der Begriff „Pitch“ im Raum, mit dem ich so gar nichts anfangen konnte. Als mir dann klar wurde, dass es sich einfach nur um die Präsentation meiner Idee handle, war ich wieder vorne mit dabei. Ich wusste, was ich zu tun hatte. Eine Powerpoint- Präsentation musste erstellt werden, an der ich sehr lange saß. Die Formulierungen und Aufbereitung der einzelnen Folien stellten sich als wahrlicher Kraftakt heraus. Ich hatte so etwas zuvor noch nie gemacht, hatte nur eine Idee im Kopf, die ich nun so verständlich und prägnant wie möglich auf wenigen Folien skizzieren musste. Aber ich ließ mich nicht von meinem Vorhaben abbringen und bald schon hielt ich meine ersten Präsentationsunterlagen in Händen. Ein überwältigendes Gefühl, wenn aus bloßen Stichworten und halbfertigen Sätzen dann ein Konzept entsteht, das in sich schlüssig ist. Ich war sehr stolz auf mich und meine Leistung!

Schon bald war dann auch der Tag gekommen, an dem ich meine Idee auch vortragen, also „pitchen“ durfte. Mittlerweile wusste ich ja, was man von mir verlangte… Ich war sehr erstaunt und überrascht, wie sehr ich meine Nervosität im Griff hatte. Immerhin war der Tag gekommen, an dem ich vor fremden Menschen und einem Team aus Scouts des Gründerzentrums meine Idee präsentieren musste. Ich wusste aber, ich müsste es einfach nur so machen, wie ich es bei meinen Kunden/Innen bislang auch schon gemacht hatte: Mich in sie hineinversetzen, ihre Bedürfnisse und Wünsche verstehen und diese zu bedienen. Ich versuchte, die Sichtweise des Maklers und jene des Kunden zu vereinen. Man muss sich in den Kunden hineinversetzen können, aber damit hatte ich ja aus meiner eigenen Vergangenheit viel Erfahrung gesammelt: Hinfallen und immer wieder aufstehen, seinen eigenen Weg finden und daran arbeiten. Zudem musste ich auch aus unzähligen Büchern, die ich verschlungen hatte, feststellen, dass ziemlich erfolgreiche Menschen auch erst einmal scheitern mussten, um wie ein Phönix aus der Asche emporzuwachsen, gestärkt und mit unendlicher Willenskraft.

Ich präsentierte also verständlich und aus Kundenperspektive, legte das Maklerdeutsch beiseite und wollte auf gleicher Ebene mit den Zuhörern sein. Zudem gibt es auch nichts Langatmigeres, wie eine Präsentation, die gespickt mit Fachvokabular und Fremdwörtern, nur so aus den Ohren staubt. Am Ende meiner Präsentation angekommen, war ich der Meinung, gute Arbeit geleistet zu haben. Auch den Zuhörern gefiel meine Idee auf Anhieb, aber sie gaben mir ein Feedback, welches ich zunächst nicht so positiv aufnehmen konnte, aber ich habe hier verstanden, dass es doch mehr als positiv war nur der Weg es entstehen zu lassen viel Zeit in Anspruch nehmen wird. Sodann stand der Bewerbung für einen Co-Working Platz nichts mehr im Wege, Ich bekam dann auch relativ rasch nach Antragstellung die Zusage und die Schlüsselübergabe zu meinem Büro feierte ich innerlich wie einen Einstand. Jedoch meinten sie, ich solle an meiner Idee arbeiten und diese weiterentwickeln, mir ein Team suchen, mit welchem ich das realisieren kann. Es waren viele Monate vergangen und die Idee, mit der ich im Gründerzentrum eingezogen bin, war zu einem richtigen Geschäftsmodell geworden, welches über viele verschiedene Wege realisierbar aber unendlich teuer war.

Ich nahm aber auch die Anregungen sehr ernst, die ich an diesem Tag von der Jury bekam. Daher beschloss ich, das Ganze noch einmal aufzuarbeiten. Ich zog wieder meinen guten Freund und Helfer, Dr. Google, zu raten, recherchierte nach Programmierern und Gründungsberatern. Ich stieß nach einiger Zeit und unzähligen Telefonaten, welche mich nur Zeit kosteten und mich nicht weiter brachten, auf das Suchergebnis „Erfinderberatung“ und wusste, ich müsste mich zunächst damit auseinandersetzen. Ich kontaktierte auch gleich die dazu passende Unternehmensberatung und bat um ein Angebot. Dieses flatterte alsbald in mein Postfach und ließ mich kurz den Atem anhalten, als ich die Summe entdeckte: 7.900 €. Viel Geld, zu viel Geld, das ich damals nicht hatte und somit schien mein Traum ein bisschen außer Reichweite zu geraten. Doch das Schicksal schien es gut mit mir zu meinen, und mir ein kleines Stückchen von dem zurückzugeben, was ich meinen Kunden/Innen gab – Hilfestellung. So hatte ich eine Familie, der ich wirklich enorme Einsparungen durch meine Tätigkeit einfahren konnte. Ich wurde aber von den Kindern um Hilfe gebeten und auf - die Missverständnisse zum Thema Versicherungen - der Eltern aufmerksam gemacht. Als ich dann herausfinden konnte, dass es eine zuvor unentdeckte Police gab, mit der mit einem Schlag alle Schulden getilgt werden konnten, kamen der gesamten Familie sozusagen die Tränen vor Dankbarkeit. Aber ich sagte, sie sollen nicht mir danken, sondern ihren Kindern, die diesen Stein ins Rollen gebracht hatten und ich erzählte auch gerne von meiner Idee und wollte deren Meinung haben. Schließlich wollten sie dann auch wissen, wie weit ich denn mit meiner Idee nun sei und wo ich denn gerade stünde. Ich musste aber zur Antwort geben, dass mir eindeutig die finanziellen Mittel fehlen würde. Ich wurde gefragt, ob ich mir das Geld eventuell ausleihen wollte aus der Ersparnis durch die Adaptierung der Verträge. Zu meinem Überraschen kam im Anschluss sofort meine Antwort – Ja, gerne!

An dieser Stelle ein großes Dankeschön, dass es noch Menschen gibt, die an andere glauben und ihr Vertrauen in sie setzen! Danke an **Familie B.** und euer Investment in mich und asurfriends. Vielen Dank!

Mit den finanziellen Mitteln ausgestattet nahm ich also das Angebot der Erfinderberatung an und setzte mich zugleich mit Ihnen in Verbindung. Ich setzte mir jedoch auch gleich zum Ziel, dass ich eine eigene Agentur für Finanzdienstleister gründen will, und so kam ich auf einen steinigen Weg über die IHK – geprüfter Versicherungskaufmann, denn diese Prüfung stand noch vor mir, um auch selbst und nicht nur als Tippgeber vermitteln zu dürfen.

Wie steinig es wird, wurde mir bewusst, als ich mir in Eigenregie alle Unterlagen und Lernmaterialien besorgte, die ich für die Prüfung zum Versicherungskaufmann nach 34d IHK benötigte. Ich muss hier auch anmerken, dass ich nicht nur ungern lerne, weil ich mir seit dem Unfall nur schwer etwas merken kann, sondern weil ich auch finde, dass es mit der Realität überhaupt nichts zu tun hat! Darum hat es auch nicht geklappt und ich habe die Prüfung letztlich nicht bestanden. Hier ging es um 2 fehlende Punkte, die ich nicht erreicht hatte, um zu bestehen. Aber wenn ich ehrlich bin, habe ich mir alles selber beigebracht und keine teuren Schulungen oder Seminare diesbezüglich besucht.

Das bestärkte mich aber nur in meinem Glaubenssatz.

Selbst unser Schulsystem lehrt uns nicht, wie wir unsere finanzielle Absicherung gestalten und eine finanzielle Freiheit erreichen können. Es wären dann ja auch keine Arbeitnehmer mehr da. Oder seht ihr das anders? Wir lernen nicht in der Schule, wie wir Geld richtig anlegen oder die Steuer gut machen können. Wir lernen das aus dem Grund nicht um auch für diese Menschen sichere Arbeitsplätze zu haben. Muss das aber sein? Muss ein Mensch sich erst verschulden, wenn er oder sie keine wirklichen Erfahrungen mit Finanzen hat? Oder kann man das auch ändern. Sodass jeder Mensch glücklich und finanziell frei Leben kann? Leider NEIN! Das müssen wir in einem langen, steinigen Weg selbst herausfinden. Aber genau hier möchte ich mit meinem Konzept der „Asurfriends“ anknüpfen. Ich möchte für die Menschen durchs Feuer gehen und dafür sorgen, dass sie aus dem Hamsterrad ausbrechen können, ihre Finanzen regeln und daraufhin immer den richtigen Ansprechpartner finden können.

Mein Ansatz ist es, die heutige Generation mit so vielen Informationen und Dienstleistern ausstatten zu können, sodass auch die jungen Erwachsenen in Zukunft für ihre Eltern sorgen können und dabei selbst für ihre Zukunft lernen. Ein Homeoffice der Zukunft also, mit persönlich digitalisierter und somit ökonomischer Regelung. Welche darüber hinaus mit künstlicher Intelligenz aufgebaut wird und dem Kunden und Dienstleister die Arbeit erleichtern kann und somit auch weniger Zeit benötigt wird und die Arbeit besser und einfacher verläuft.

Mein Leitsatz:

„Das Werkzeug für die Dienstleister muss zugleich auch die Lösung für den Kunden sein!“.

DER ANFANG MEINER SCHÖNSTEN ZEIT - SALZBURG

Der Beginn meiner schönsten Zeit könnte nun den Gedanken wecken, dass ich nun beruflich wirklich durchstartete und mir meine Träume vom Unternehmertum, dem Erfolg und der Anerkennung für die harte Arbeit erfüllen konnte. Dem ist nicht ganz so. Ich machte hier natürlich beachtliche Fortschritte, aber ich verfasse dieses Kapitel eigentlich auch aus einem ganz anderen Hintergrund – aus wahrer Liebe. Tatsächlich durfte ich erfahren, was es bedeutet, wahrer Liebe zu begegnen, die ich scheinbar auf all meinen beruflichen Höhenflügen und Talfahrten irgendwo auf dem Wege liegen habe lassen. Wie einen blinden Passagier, der kilometerweise mitfährt, hatte ich meine Fähigkeit wahrhaftig zu lieben, immer mitgeschleppt, aber stets vergessen. Daher verfasse ich dieses Kapitel gerade unter unendlich vielen Tränen, wenn ich an diese Zeit zurückdenke. Aber sie sind kein Zeichen von Traurigkeit oder Kummer und Sorgen. Vielmehr sind sie Ausdruck meiner tiefsten Dankbarkeit, dass ich diese Erfahrung endlich machen durfte. Sie hat mir mehr gelehrt, wie alle Bücher, Seminare oder Kurse. Sie lieferte mir wichtige Antworten, auf die ich schon so lange sehnsüchtig gewartet hatte. Die ich anfänglich erzwingen wollte, mich dabei ertappte, wie ich wütend auf mich selbst war, nicht in der Lage zu sein, mir diese Antworten selbst geben zu können. Hinter dieser Erfahrung steckt ein Name, ein wundervoller Mensch, dem ich an dieser Stelle von Herzen mein ehrlichstes DANKE aussprechen möchte. Danke Christina, dass Du mir die Antworten auf meine Fragen und den Unfall gegeben hast.

Danke, dass du mir die wichtigsten Hinweise zu meiner wirklichen Identität, meiner Persönlichkeit und meiner inneren Überzeugung geliefert hast. Danke, dass du mich aus dem Labyrinth der vermeintlichen Liebe, indem ich so viele Jahre zuvor umherirrte, ohne selbst den Ausgang zu finden, endlich befreit hattest!

Du hast mir gezeigt, wie wertvoll es ist, zu einem Menschen diese tiefen Gefühlen zu hegen. Du hast mir die Welt in all ihren wundervollen und abwechslungsreichen Facetten gezeigt und mein Leben auf eine Art und Weise bereichert, wie ich sie mir nie zu träumen gewagt hätte…

Daher möchte ich meine Leser nun gerne auf diese Reise zu meiner großen Identität, meiner innigsten Liebe und meinen Antworten auf mein Leben und dessen Verlauf mitnehmen. Auch sie sollen Zeitzeugen meiner schönsten Erfahrung werden…

Den Beginn meiner schönsten Zeit, in der ich all meine beruflichen Träume und lang gehegten Wünsche dann tatsächlich auch in die Tat umsetzen konnte, kann ich mit einem Ort in Österreich festmachen – die Erfinderberatung in Salzburg.

Wie vorhin erwähnt, war Salzburg besser und schneller zu erreichen und somit stand Berlin nicht mehr im Raum. Aber tatsächlich gab es noch einen zweiten, ausschlaggebenden Grund, warum gerade Salzburg dann für mich so wichtig wurde. Vielleicht war es mein Schicksal, das mich dorthin geführt und gelenkt hatte. Dazu später mehr. Ich musste meine Idee zunächst alles per Email zusammenfassen und dann für mich unendliche zwei Wochen warten, bis ich das erlösende Feedback bekam, dass meine Idee großen Anklang finden würde. Daher durfte ich mich mit meinem Konzept persönlich vor Ort vorstellen. Ein wichtiger Termin, der mir unendlich viel bedeutete. Von dort aus gewannen meine Idee und meine Herzenswünsche dann konkrete Formen und waren bereit für die große, weite Welt. Natürlich mit all den Höhen und Tiefen, die ein Unternehmertum so mit sich bringt. Genau davon würde ich Euch nun gerne offen und ehrlich berichten.

Die Erfinderberatung war also der Startschuss, an dem mein Konzept nun wirklich in die Tat umgesetzt werden sollte. Meinen persönlichen Beginn als Unternehmer hatte ich ja bereits früher durch die gewonnene Einstellung gegenüber dem Unternehmertum. Ich bekam also Hilfestellung und professionelle Begleitung an die Hand. So begann die erste Zeit von Meetings, Absprachen und Diskussionen, aber meine Idee kam gut an und man sah wirkliches Potenzial darin. Eine meiner ersten Hürden war die Marktanalyse, die mir zugesandt wurde. Ich machte mich akribisch daran, dieses übermittle PDF durchzuarbeiten. Obwohl ich sah, dass ich hier schon sehr viel Konkurrenz am Markt hatte, wollte ich mein „Baby“ nicht aufgeben und vielleicht feuerte mich diese Tatsache nur noch mehr an, an meinem Traum festzuhalten.

Mit dieser Motivation in der Tasche arbeitete ich immer weiter und weiter an meinem Konzept – welches übrigens 2 Jahre dauerte, um so ausgearbeitet zu sein, dass man darin tatsächlich die „**Asurfriends**“ wiedererkannte. Ich war bereit für die Ausarbeitung des Businessplanes und holte mir hierfür Hilfe von einem Unternehmer-Coach, welchen ich aber erst später kennenlernte. Die Kosten hierfür wurden zum Glück zu 70 Prozent von der BAFA übernommen, denn eines könnt ihr mir glauben – Gründen kostet eine Menge Geld!

Das fängt bereits bei einer geeigneten Büroräumlichkeit an und hört dann bei Marketingkosten und Software-Lizenzen noch lange nicht auf. Dazu aber später gerne mehr. Aber das Auffinden meines ersten Büros möchte ich hier gerne erwähnen, denn das ist schon etwas ganz Spezielles, wenn man seine ersten Geschäftsräumlichkeiten hat! Das Gründerzentrum war dafür der perfekte Ort, denn hier hatte ich auch Experten um mich herum, von denen ich mir direkt Rat einholen konnte. Perfekt, dachte ich!

In der Zeit im Gründerzentrum und der Erfinderberatung in Salzburg konnte ich ständig neue Menschen kennenlernen, denen ich heute sehr dankbar für ihre Hilfestellungen bin. Ihr habt mich zudem auch mit den Menschen zusammengebracht, die ich zur Gründung der asurfriends GmbH gebraucht hatte.

Ich habe mir unendlich viel Wissen aneignen können und mich ständig weiterentwickelt. Und so kam es dann auch mal zu einem Wettbewerb, der sich „PitchNight" nannte und auf den ich zuvor schon eingegangen bin, ihn aber an dieser Stelle noch einmal gerne erwähnen würde, weil er tatsächlich einen Meilenstein in meinem Projekt verkörperte.

Es ging hauptsächlich darum, sein Unternehmen vor einem freien und fremden Publikum zu präsentieren und am Ende wird unter mehreren Teilnehmern/Innen ein Gewinner über die Stimmen der Zuhörer gekürt.

Ich bereitete mich intensiv auf diese „PitchNight“ vor und der Tag rückte näher, an dem diese stattfinden sollte. Ich hatte eine wirklich gute Präsentation vorbereitet und zugleich auch einen guten Sprachtext erstellt. Aber an dem Abend, an dem alles stattgefunden hat, kam es so, dass alle meine Vorbereitungen von mir nicht wahrgenommen wurden. Ich war ICH selbst und hab letzten Endes vor dem Publikum aus Menschen, die ich nicht kannte und nie zuvor gesehen hatte, nur eine einzige Folie auf dem Beamer geöffnet und bin weitere Folien gar nicht durchgegangen. Auch mein Text, den ich vorbereitet hatte und den Zettel davon in der Hand hielt, war dann für mich überflüssig und ich ließ ihn fallen. Ich redete einfach drauf los, obwohl ich immer im Hinterkopf behalten hatte, dass so die ganze Vorbereitung für die Katz wäre. Ich muss gestehen, dass meine Konkurrenz ziemlich stark in ihren Vorträgen war und deren Ideen auch wirklich gut ausgearbeitet wurden. ABER es hat wie zuvor wieder einmal funktioniert. Und es hat sich gezeigt, was wirklich zählt und das war meine Persönlichkeit und mein Auftreten – Ich muss mich nicht verstellen – denn ICH bin ICH.

Schlussendlich gewann ich diese PitchNight und mein Unternehmertum war besiegelt. Es bestätigte mich in all meinen Vorhaben und ich wusste, dahin will ich beruflich! Und hier kann ich den Menschen das geben was Sie suchen.

Digitales für die Finanzbranche

Pitch Night des Gründerzentrums

Die Pitch Nights des Gründerzentrums Digitalisierung Niederbayern sind inzwischen vielen Gründungs- und Technologieinteressierten ein Begriff. Gibt es doch immer wieder spannende Themen und neue, innovative Geschäftsideen im „Farmstead" zu bestaunen. Knapp 60 Interessierte versammelten sich, als der Inn.Kubator Passau zur Pitch Night FinTech einlud.

Treffpunkt für Start-ups und Gründungsinteressiert: das „Farmstead".

FinTech ist ein Sammelbegriff für technologisch weiterentwickelte Finanzinnovationen – und für den Inn.Kubator Grund, zwei Start-ups aus den eigenen Räumlichkeiten sowie einen ehemaligen Passauer Studenten, der mittlerweile in München gegründet hat, einzuladen. Sie alle entwickeln spannende Ideen rund um das Thema.

Den Anfang machte ein Passauer Start-up mit südafrikanischen Wurzeln. NEO Invest entführte die Gäste in die Welt der Algorithmen mit dem Ziel möglichst stabile Vorhersagemodelle für den Aktienmarkt zu entwickeln. BANKSapi liefert mittels Bankassurance 2.0 dem Kunden ein „finanzielles Blutbild" aus einer Hand. Der Spagat, den das Münchener Start-up vollziehen möchte, basiert auf der Frage: Wie lassen sich die Verfahren der künstlichen Intelligenz so einsetzen, dass Kunden und Unternehmen unter dem Strich einen Vorteil daraus ziehen können?

Zum Abschluss stellte der Neuzugang Asurfriends seine Geschäftsidee vor und bekam so sein erstes echtes Feedback von potenziellen zukünftigen Kunden. Die Idee ist simpel – eine unabhängige, übergreifende Plattform zum Thema Versicherungen. Vom Finden einer spezifischen Versicherung über die Statusprüfung bis hin zur Anzeige des nächstgelegenen Maklers, natürlich mit Kundenbewertungen, soll die Plattform alles abdecken. Bis dahin ist es noch ein weiter Weg, doch das Publikum fand die Idee gut und kürte Asurfriends zum Sieger des Abends. Die nächste Pitch Night findet am 26. Juni statt, das Thema soll bald online im Veranstaltungskalender zu finden sein: www.innkubator.de/events.

Wie es dann das Schicksal so möchte, machte ich dann gleich am ersten Tag, an dem ich in das Co-Working Office ging, eine wunderbare Begegnung. Ich lernte Udo kennen, einen Programmierer.

Ich zögerte nicht lange und fragte ihn, ob er denn nicht jemanden wüsste, der mein Vorhaben digital umsetzen könnte. Ich musste ihm zunächst ein bisschen von meiner Idee erzählen, damit er mir eventuell weiterhelfen könnte. Als ich ihm meinen Plan im Detail schilderte, herrschte zunächst einmal Funkstille. Tatsächlich aber meinte er dann nach wenigen Wochen, dass er jemanden habe für mich, aber das Ganze nicht ganz billig werden könnte. Softwarelösungen kosten eben Geld. So kam ich dann über Udo zu Marius – dem Programmierer. Wir vereinbarten bereits nach dem ersten Gespräch am Telefon ein persönliches Treffen im Gründerzentrum und wir steckten gemeinsam unsere Köpfe zusammen. Er hatte mein Konzept auf Anhieb verstanden! Großartig, dachte ich, genau nach so einer Person hatte ich gesucht! Ich war voller Zuversicht, dass ich hier den richtigen Mann an meiner beruflichen Seite gefunden hatte, der mir meine Konzeption, die bisweilen nur auf dem Papier stand, auch umsetzen könnte. Nur wenige Tage nach dem verheißungsvollen Gespräch flatterte dann schon das Angebot in mein E-Mail Postfach. Ich war sehr aufgeregt, als ich die neue Nachricht entdeckte. Wäre es ein physischer Brief gewesen, so hätte ich ihn bestimmt wie ein rohes Ei mit zwei Fingerspitzen festgehalten – als ob mein Leben von seiner Versehrtheit abhängen würde. Irgendwie stimmte das ja auch. Vorsichtig klickte ich voller Neugierde auf die E-Mail und begann ihren Inhalt zu lesen. Ich sah viele Posten aufgelistet, die alle mit einer Zahl daneben versehen waren. Meine Augen huschten hinunter ans Ende des Angebotes und ich konnte ihnen sogleich auch nicht mehr trauen! Als Endsumme prangte ein satter, 6-stelliger Betrag – 210.000.- €! Oh mein Gott – wie soll ich mir das leisten können?

Ich muss dazusagen, dass ich nebenbei zwar noch in der Fabrik gearbeitet hatte und zudem als Tippgeber für Finanzdienstleistungen fungierte, aber mein privater Schuldenberg tilgte sich zwar, aber vorerst nur langsam. Die Doppelbelastung war tatsächlich enorm, aber ich wollte und musste unbedingt Geld verdienen, um mir dann auch einen Puffer für anfallende Kosten ansparen zu können.

Mir war hier zum ersten Mal bewusst geworden, dass ich mit mehr finanziellem Aufwand rechnen müsste, wie ich anfänglich eingeplant hatte. Ich war aber in mein Projekt so verliebt, beinahe im siebten Himmel, dass auch diese Tatsache keine große Hürde für mich darstellen konnte. Ich war gedanklich unbesiegbar, enorm fokussiert auf mein Ziel und ließ mich nicht abhalten, mein Vorhaben umzusetzen! So konnte ich mir dann auch endlich ein Team zusammenstellen, welches mich mit meiner Idee unterstützen würde. Hier muss ich aber auch erklären, dass dieses Team nicht von heute auf morgen zusammengekommen war, sondern dies einige Zeit und unendlich viele Gespräche und Telefonate forderte. Es ist nicht einfach, Menschen zu finden, die dieselben Ziele und Wünsche haben und gemeinsam darauf hinarbeiten möchten. Ein weiterer Meilenstein, der mich schnell voranbrachte, denn nun hatten wir einen gemeinsamen Fokus und mehrere Ideen, wie man das Projekt realisierten könnte. Schon die ersten gemeinsamen Gespräche im Team machten schnell deutlich, dass wir entweder einen Investor oder einen Partner benötigen würden. Alleine könnten wir niemals so viel Geld zur Verfügung stellen. Aber das war wahrliche eine Herausforderung. Wir hatten noch nichts Konkretes in der Hand, keinen Prototypen oder Ähnliches. Wahrlich nicht gerade die beste Voraussetzung, um Investoren zu lukrieren oder Partner zu gewinnen! Also musste ich auf anderem Wege zunächst dafür sorgen, dass das nötige Kapital zur Verfügung steht. Langsam schaffte ich es dann, aus meinem Minus ein Plus auf meinem Konto zu generieren. Mit dem Geld, das ich mir so angespart hatte, wollte ich eigentlich ein unbeschwertes Leben haben, aber Geld spielte dann nur mehr eine untergeordnete Rolle. Ich wollte mein Unternehmen nach oben bringen und fing an, zu investieren. Immerhin investierte ich auch in meine Zukunft! Ich investiere jedoch nicht nur in meine eigene Zukunft, sondern auch in die eure!

Somit mussten weitere Angebote eingeholt werden, um einen Überblick über die Fixkosten zu erhalten. Marketing, Design, Layout… Ich wurde bombardiert mit Angeboten, eines höher als das andere. Mir fiel sprichwörtlich die Kinnlade herunter – wenn ich das an dieser Stelle einmal so salopp formulieren darf. Aber genau so war es auch! Einmalige Kosten von 9.000 € hier, dann 12.000 € da, die Nullen am Ende der Ziffern schienen sich dabei immer zu vermehren. Zusätzlich monatlich laufende Kosten in der Höhe von 4.000 – 6.000 €. Schnell kamen hier Unsummen zustande, die alleine schon durch ihre vielen Nullen angsteinflößend waren. Noch dazu bei null € Umsatz bis dato. Wieder eine Null, nur leider dieses Mal auf der falschen Seite des Kommas!

Ich konnte es kaum glauben und ich wusste auch gar nicht, wo ich denn so viel Geld hernehmen sollte. Doch dann bewegte sich etwas in mir. Mein Kampfgeist wurde abermals geweckt, mein inneres Feuer entfacht, als ob man mit den vielen Angeboten für ordentlich Brennmaterial gesorgt hätte:

„Manuel, ich bin für dich da, egal was noch kommt. Ich baue dich wieder auf, wenn es einmal hart auf hart kommt. Du wirst sehen, es wird alles gut!“.

Meine innere Stimme war zum Leben erweckt worden und ich glaubte ihr jedes einzelne Wort, das sie mir zuflüsterte! Ich wollte daran glauben, an diese Stimme und natürlich auch an mich. So fing ich an, in Verhandlungen zu gehen mit den vielen Angebotslegern. Ich vereinbarte Teilzahlungen, konnte die Kosten an so manchen Stellen noch deutlich drücken und bemerkte schnell, dass ich wieder bei der Thematik der Finanzierung angelangt war. Ich hasste diese Vorgangsweise, handelte sie mir doch in meiner Vergangenheit jede Menge Ärger ein, aber was sollte ich an dieser Stelle anderes machen? Großes Vorhaben kostet eben auch Geld. Darum scheitern wahrscheinlich auch viele Start-ups so kurz nach Gründung wieder. Sie haben zu unüberlegt gegründet und die einschleichenden Kosten zwingen sie letztendlich in die Knie. Daher ist eine gut durchdachte Planung wirklich das Um und Auf bei einer Firmengründung. Daneben gibt es noch ein paar wichtige Aspekte, die ich euch gerne ans Herz legen würde. Lasst euch nicht abschrecken durch die vermeintlich unüberwindbaren Hürden des finanziellen Bedarfs. Glaubt immer an euch, an eure Idee. Vertraut der inneren Stimme – vertraut EUCH! Früher oder später kommt man immer zur Lösung, oftmals dauert es nur ein bisschen oder man muss etwas um die Ecke schauen, um sie zu finden. Aber auch das ist möglich, wenn man konsequent daran glaubt. So fest, dass es beinahe schon weh tut! An dieser Stelle möchte ich aber auch einem ganz besonderen Menschen danken, der so wie ich an mich geglaubt hatte.

Danke, Tami und danke an meine wunderbare Familie und meine Kunden/Innen!

Danke, dass ihr immer an mich geglaubt habt und in

Mich und **asurfriends** investiert habt! Obwohl ich von meiner positiven Bonität bei der Bank das Geld jederzeit hätte holen können, seid ihr wie viele meiner Kunden/Innen immer hinter mir und der Idee gestanden. Danke an meine komplette Familie und meine treuen Kunden/Innen. Ihr seid die Besten. Ihr habt immer an mich geglaubt, wenn andere es nicht mehr taten. Selbst, als ich nach meinem Unfall nicht mehr an mich geglaubt hatte, dass ich es jemals schaffen würde, das Krankenbett zu verlassen, wart ihr felsenfest davon überzeugt.

Eine solche, familiäre Stütze ist wirklich nicht mit Geld aufzuwiegen und ich bin sehr dankbar, dass ich mich so glücklich schätzen darf, Teil der besten Familie der Welt zu sein. Ihr seid und wart in jeder Situation ob gut oder schlecht – wobei die schlechten sich behaupteten – immer für mich da und habt mich wieder aufgefangen und mir geholfen. Ein solches Gefühl würde ich tatsächlich jedem wünschen – egal ob Gründer/In oder nicht. Ich hatte nicht immer gleich den besten Plan parat oder die passende Struktur für meine Gründung und sicherlich würde ich heute einiges anders machen. Ich möchte euch mein Wissen nicht vorenthalten und meine persönliche Erfahrung als Art Leitfaden mit Euch teilen – diesen findet Ihr im letzten Kapitel. Zunächst möchte ich aber meine Geschichte zu Ende erzählen…

MEINE GROSSE LIEBE – SEELENGRÜNDUNG

Wie ich bereits zu Beginn dieses Kapitels erwähnt hatte, stand nicht nur der Beginn meines Unternehmens und die Gründung einer Geschäftsidee in dieser fulminanten Zeit an. Tatsächlich geschah fast parallel dazu eine Art „Seelengründung" – ich durfte mich und mein Innerstes beinahe zum zweiten Mal neu entdecken, das erste Mal nach dem schweren Unfall und dem Koma – dabei wusste ich aber noch nicht so recht wohin mit mir und meinem Ich. Das zweite und wirklich bedeutendste Mal war nun in dieser Zeit geschehen. Es war deswegen bedeutender als mein Neubeginn nach dem Koma, als ich hierbei wirklich spürte, dass ich nun angekommen bin. Beruflich und eben auch privat. Dieser tiefe, innere Frieden und die vollkommene und bedingungslose Liebe zu einer Frau waren es, die mich als „Manuel" wieder komplettierten und meinem Leben einen vollkommenen Sinn gaben. Wie es aber meist ist im Leben, so merkt man gewisse Umstände erst hinterher, also nachdem etwas geschehen war oder eben nachdem etwas zu Ende ging. Auch mit meiner Erkenntnis verhielt es sich nun ähnlich. Eigentlich bin ich sogar erst während des Verfassens dieses Buches darauf gekommen, was diese Frau – dieser besondere Mensch – mit mir gemacht hat. Daher möchte ich nun diese wundervolle Liebesgeschichte erzählen. Sollte ich den vorherigen Damen nicht so viel Platz in meinem Buch eingeräumt haben, so liegt dies nicht daran, dass ich diese weniger geschätzt habe! Ganz im Gegenteil. Ich hatte wundervolle Frauen an meiner Seite, jede hat mich ein stückweit auf meinem Lebensweg begleitet und mich in unterschiedlichen Phasen kennengelernt. Es liegt schlichtweg daran, dass ich nicht immer das in Beziehungen fand, wonach ich suchte. Und wie es sich herausgestellt hatte, suchte ich auf eine völlig falsche Art und Weise…

Ich war seit geraumer Zeit in keiner aufrechten Beziehung mehr, als ich in die Erfinderberatung kam. Seit meiner letzten Erfahrung, sah ich mich kurzfristig als „geheilt" an, was Beziehungen betreffe und für mich waren Freundinnen fast schon ein rotes Tuch. Es war nicht so, dass ich mich nicht nach Liebe und Zuneigung gesehnt hatte, aber der letzte Satz meiner damaligen Freundin hatte sich in meine Seele eingebrannt wie ein glühend heißes Eisen seinen Abdruck im Leder hinterlässt. Unverkennbar, eindeutig und mit solch quälender Hitze, dass jede Faser, die es zu spüren bekam, sofort unter ihr versengte: „Mit einem Hauptschulabschluss kann man kein Unternehmer werden!".

Harte Worte, die treffender aber nicht sein konnten. Sie verließen ihre Lippen und schossen direkt durch mein Unternehmerherz. Daher war ich seitdem weder aktiv auf der Suche nach einer neuen Beziehung, noch hatte ich sonderlich Lust, meinem Muster weiterhin nachzugehen, welches aus einem Wechselspiel zwischen Auto- und Frauentausch bestand. Im Gegenteil, ich sah mein Ego schwer getroffen, ich war zutiefst gekränkt durch diese Aussage, dass sich etwas in mir aufbäumte und mir einreden wollte, mein angeschlagenes Ego wieder zu reparieren. Wie reparieren Männer ihren gekränkten Stolz in Hinblick auf Frauen meist? Richtig – sie suchen die erneute Bestätigung in der Damenwelt. Ab und an ein bisschen wahllos, planlos und einfallslos, aber alles, was in diesem Moment guttut, ist erlaubt. So war auch ich keine Ausnahme. Also hatte ich nach meiner Trennung das Bedürfnis, mir meine Bestätigung von außen holen zu müssen. Nachdem ich immer sehr viel gearbeitet hatte und keine Zeit für aufwendige und vielleicht wenig produktive Dates hatte, versuchte ich im Netz mein Glück. Dafür hatte ich mir eine spezielle App heruntergeladen, welche eigentlich primär den Ruf hat, für schnelle Flirts und Bettgeschichten zu dienen. Vielleicht sah ich dort die Chancen größer, beziehungstechnisch nicht wieder auf die „Schnauze“ zu fallen, indem ich diesem Umstand einfach jegliche Grundlage entzog. Eigentlich war ich mir bewusst, dass es total unsinnig sei, im Internet nach Bestätigung für mein verletztes Ego zu suchen und daher nutzte ich die App kaum. Ich hatte ohne dies den Kopf voll mit Aufgaben und Pendenzen, die ich für und mit der Gründerberatung zu erledigen hatte, dass ich mir es nicht leisten konnte, meine wertvolle Zeit mit unproduktiven Dingen zu vergeuden. So blieb die App unbenutzt auf meinem Handy ruhen, ohne dass ich diese aber gelöscht hatte. Nachdem ich inaktiv war, bemerkte ich dies lange Zeit gar nicht einmal mehr und meine Suche hatte sich somit im Sand verlaufen. Bis sich eines Tages die App bemerkbar machte. Ich war gerade inmitten meines zweiten Termins bei der Erfinderberatung, als sich die automatische Notiz der App auf meinem Display öffnete und mir eine neue Nachricht anzeigte. Ich blickte kurz auf mein Handy, um zu sehen, warum der Bildschirm leuchtete, nahm die Information zur Kenntnis, aber interessierte mich erstmal nicht sonderlich für die Nachricht einer Fremden. Aus den Augen, aus dem Sinn – so war es dann auch. Ich fuhr nach der Erfinderberatung nach Hause, vollbepackt mit tollen, neuen Aufgaben und Herausforderungen für mein Business. Das kommende Wochenende verging wie im Fluge und ich musste am Montag wieder in die Fabrik fahren. Erstaunlicherweise gerade als ich bei der Arbeit war und wahrscheinlich meine Gedanken in der monotonen Fabrikarbeit nach Abwechslung suchten, fiel es mir plötzlich wieder ein! Die Nachricht. Ich hatte doch eine Nachricht erhalten. Meine mir zugrunde liegende Neugierde meldete sich in diesem Moment und stupste mich an, ich solle doch einmal nachsehen. Ich konnte daher kaum die Mittagspause abwarten, um mich in die App einzuloggen. Was ich mir davon genau erwartete, kann ich nicht sagen, es war wahrscheinlich wirklich nur die Neugierde, die mich zu diesem Schritt bewog. Als ich dann den Startbildschirm der App sah, folgte ich dem Zeichen einer neuen Nachricht und öffnete diese mit Spannung. Letztere verflog aber in der Sekunde, denn es war eine klassische Nachricht, ohne einen wirklichen Inhalt ehrlicherweise. „Hey, wie geht es dir?“, stand neben dem Profilbild einer Dame zu lesen. Eigentlich wären das keine Zeilen, die besonders ansprechend waren, aber aus einem mir nicht erklärbaren Grund, musste ich dann doch antworten. Auch mit Standardfloskeln – man kennt sich ja eigentlich gar nicht. So schrieben wir aber eine ganze Weile hin und her, bestimmt die nächsten drei Tage und wollten dann aber unsere Zeilen abkürzen. Wir entschlossen uns zu einem persönlichen Kennenlernen. Tatsächlich wollten wir beide wissen, wer hinter den Texten steckte. Sie teilte mir mit, dass sie aus Salzburg käme. Zufall? War es reiner Zufall, dass sich nach langer, inaktiver Zeit in der App eine Frau meldete, die aus derselben Stadt kam, die ich erst vor kurzem als Mittelpunkt meines beruflichen Geschehens auserwählt hatte? Ich habe mich wahnsinnig gefreut, jemanden von dort kennenlernen zu dürfen. Dabei hatte ich zunächst keinerlei Hintergedanken. Ich wollte sie wirklich unverbindlich treffen, um zu sehen, wer sich hinter den Nachrichten verbarg. Wir verabredeten uns also nach meiner Frühschicht. Ich wusste, es würde ein langer Tag für mich werden, ich war seit morgens 3 Uhr auf den Beinen, musste den Arbeitstag hinter mich bringen und dann noch eine ziemliche Strecke auf mich nehmen, aber ich wollte sie unbedingt sehen. Ich wollte mich noch einmal bei ihr melden, um sicherzugehen, dass ich mir die lange Fahrt nicht umsonst antun würde. Sie bestätigte aber unser Treffen. Ich nutzte dabei gleich die Gelegenheit ihr von meiner Tochter zu erzählen. Das fand ich sehr wichtig, so erweckt man in seinem Gegenüber keine falschen Erwartungen oder wird am Ende dann enttäuscht, wenn dieser Umstand nicht akzeptiert wird. Sie hatte aber offensichtlich damit kein Problem. Im Gegenteil, es kam eine sehr freundliche Nachricht retour und so konnte ich mich vollends auf das Treffen freuen. Nachdem ich ohnehin schon unterwegs war, wollte ich sie von zuhause abholen, damit wir dann gemeinsam in eine Weinbar fahren könnten. Ich erinnere mich noch genau, als ich sie dann das erste Mal tatsächlich gesehen hatte und wir beide nervös wie Schulkinder am ersten Schultag nebeneinander im Auto gesessen sind. Eine ungewohnte Situation anfänglich, aber wir hatten relativ rasch das Eis zwischen uns gebrochen. Wir verstanden uns irgendwie auf Anhieb. In der Bar angekommen, machte sich dies in unendlichen Gesprächen bemerkbar. Wir konnten über jegliche Themen sprechen, der Gesprächsstoff schien niemals enden zu wollen. Von da an wusste ich, dass ich einen wundervollen Abend mit ihr verbringen werde. Ich glaube, auch sie hatte dies gespürt. Uns beiden taten unsere Gespräche gegenseitig unglaublich gut und so ließen wir bei ein paar Gläschen Wein und dem ein oder anderen Cocktail die Stunden an uns vorüberziehen. Mit ihnen wurde auch die Distanz zwischen uns spürbar geringer, die Atmosphäre vertrauter und schließlich kam es dann zum ersten Kuss. Ja tatsächlich, beim ersten Date fiel dann auch schon ein Kuss, aber es war für uns beide absolut stimmig und das Richtige in diesem Moment. Für mich gab es keinerlei Zweifel, ich hatte das **beste First Date** in meinem Leben bislang und der Kuss war eigentlich dann nur noch die Bestätigung. Wir zogen dann um die Häuser gemeinsam, kamen von einer Kneipe in die andere und landeten dann schließlich in einer Disco- Bar. Wir ließen uns einfach dorthin treiben, wonach uns gerade war und irgendwie sollte es dann diese Lokalität sein. Gleich beim Eingang empfing uns ein mächtiges Glücksrad, dass uns zum Drehen einlud. Als Hauptgewinn war eine Flasche Wodka angepriesen und wir machten mit. Ich ließ sie dann drehen, sie holte einen kräftigen Schwung und gab dem Rad damit eine ordentliche Drehung mit. Voller Spannung warteten wir, bis es zum endgültigen Stillstand kam und wir konnte es kaum glauben: Hauptgewinn! Dieser musste nun ordentlich gefeiert werden und wir setzten uns sogleich an die Bar und holten uns unsere Flasche Wodka ab. Die Flasche leerte sich etwas und unser Alkoholspiegel stieg gleichzeitig. An Autofahren war dann nicht mehr zu denken und ich blieb diese Nacht dann in Salzburg bei ihr...

Am nächsten Morgen kamen wir gar nicht mehr heraus, uns gegenseitig mit Komplimenten zu überhäufen. Ich hatte nicht nur einen wundervollen Abend, sondern auch eine noch wundervollere Frau kennengelernt. Zwei Hauptgewinne am selben Tag – wir konnten unser Glück kaum fassen! Natürlich stand sofort fest, wir wollten uns wieder sehen. Das wäre auch ganz schöner Irrsinn von mir gewesen, diese Begegnung nun so zu Ende gehen zu lassen. So entschied ich mich bewusst für die schönste Zeit in meinem Leben!

Danke, liebe Christina, für die wundervolle Zeit mir dir, deinen Freunden und deiner Familie! Ich danke euch für jede Sekunde, die ich mit euch verbringen durfte, es waren die wertvollsten Momente in meinem Leben für mich. Sie haben mir unendliche Kraft gegeben, brachten in mir Dinge zum Vorschein, an die ich nicht mehr geglaubt hätte. Du hast mir so viel Kraft gegeben, mir so unendlich viel Wertvolles mit auf meinem Weg mitgegeben, dass ich es in Worte eigentlich gar nicht ausdrücken könnte. Aber ich möchte dennoch den Versuch hierzu unternehmen:

„Was ich gestern niemals wollte, fühlt sich heut, für immer an. Setz alles gleich auf eine Karte, doch ich habe wieder mal vergessen, wo sie liegt. Ich habe so oft keine Ahnung, doch ich glaub dran, dass es geht, weil es nun dich in meinem Leben gibt!“

Die wichtigste und für mich bedeutendste Botschaft, die du mir überbringen konntest, war die Liebe zur Natur. Für mich war das früher nicht wirklich ein Thema. Ich war nie der große Naturliebhaber und von Spaziergängen hielt ich eigentlich nicht viel. Irgendwie zogen Flora und Fauna an mir vorüber, ohne dass ich ihre wahre Schönheit erkennen durfte. Du hast mir gezeigt, wie viel Kraft in der Natur steckt und wie viel man sich davon zurückholen kann! Ich habe die Natur seitdem mit ganz anderen Augen gesehen. Sie wurde zu einem Anker- und Kraftplatz für mich, wenn ich einmal wieder mit dem Rücken zur Wand stand und beruflich keinerlei Rat mehr wusste. Sie spendete mir Energie, wenn meine Batterien durch den vielen Stress entladen waren. Sie half mir Entscheidungen zu treffen, die sich mir erst in der freien Natur eröffneten, an deren Lösungen ich zuvor gescheitert war. Du warst dabei immer an meiner Seite, bist mit mir jeden Schritt mitgegangen, hast mit mir sämtlichen Höhen und Tiefen überwunden und hast mir dabei geholfen, jegliches Gestrüpp aus meinem Leben zu schaffen. In jederlei Hinsicht!

Daher möchte ich jedem ans Herz legen, diese unendliche Kraftquelle zu nutzen. Wenn ihr einmal nicht mehr weiterwisst, euch offenbar keinerlei Ausweg aus einer festgefrorenen Situation klar wird, dann zieht euch die Wanderschuhe an, holt einen kleinen Rucksack hervor und sucht euch einen Gipfel aus. Startet vom Fuße des Berges, seht empor zu den majestätischen Gebirgszügen, beobachtet die schmalen Wege, die sich vor euren Füßen eröffnen und macht einen Schritt nach dem anderen. Konzentriert euch dabei nur auf den Weg, die Landschaft, die sich euch bietet, das satte Grün der Wiesen. Genießt die bunte Vielfalt der Bäume und Sträucher, hört den Wind zwischen ihnen rauschen und macht einen tiefen Atemzug der kristallklaren Bergluft. Denkt dabei an nichts anderes, lasst eure Probleme am Fuße des Berges liegen – ihr könnt sie euch später wieder abholen! Macht den Weg bewusst und ohne Sorgen, die euch belasten und euch wieder hinunterziehen. Einmal am Gipfel angekommen, werdet ihr merken, was es bedeutet, völlig frei zu sein. Es ist die vollkommene Stille, die euch zur inneren Ruhe kommen lässt. Seht in die Weite, unter euch erstrecken sich Landschaftszüge und ihr steht über allem. Unermüdlich und nicht aus der Ruhe zu bringen. Ihr versteht auf einmal, dass alles nur eine Ansichtssache ist, die Perspektive macht den Unterschied, wie man auf Dinge blickt. Euren Kummer und die Sorgen, die ihr zu Beginn am Wegesrand abgestellt habt, sind von oben nicht mehr sichtbar. Sie sind aus eurem Blickfeld verschwunden und die wirkliche Weite liegt vor euch darnieder.

Jetzt stellt euch vor, dass es sich auch ähnlich mit Firmengründungen verhält. Stellt euch euer berufliches Ziel als den Gipfel vor, den ihr von ganz unten erklimmen müsst. Geht dabei einen Schritt nach dem anderen. Ihr werdet automatisch einmal Pausen einlegen müssen, vielleicht geht ihr auch ein kleines Stückchen wieder retour, um nach einer kürzeren oder wenig steinigen Routen zu suchen. Vielleicht wollt ihr auch auf halber Höhe bereits umkehren, weil euch der Weg zu mühsam erscheint, dabei habt ihr bereits den Großteil schon hinter euch gelassen und der Gipfel ist zum Greifen nahe. Genau dann wird sich weisen, wer ihr wirklich seid, welche Persönlichkeit hinter dem Unternehmer oder der Unternehmerin steckt. Geht ihr weiter, weil ihr nur nach oben seht? Oder lässt ihr euch von den schmalen Wegen verunsichern oder einschüchtern? Wenn ihr es nicht beim ersten Mal schafft, oben anzukommen, dann versucht es ein zweites, ein drittes oder ein zehntes Mal. Genau das wird euch bei einer Gründung widerfahren. Es wird nicht alles auf Anhieb klappen, ihr müsst Verluste hinnehmen, Niederlagen einfahren, ohne euch dabei vom Weg abkommen zu lassen. Und wenn sich noch so ein großer Felsbrock vor euch auftürmt – es gibt immer einen Weg um ihn herum oder oben drüber. Die Probleme im Laufe einer Gründung werden nicht weniger, aber man lernt, sie anders anzugehen und mit anderen Augen zu sehen. Umso schöner ist es dann allerdings, wenn man wieder eine Hürde geschafft hat und seinem persönlichen Gipfel ein Stück nähergekommen ist. Dieses Gefühl ist unbeschreiblich, weil man es geschafft hat und weiß, man kann es auch wieder schaffen. Es ist alles eine Frage der Einstellung und der Perspektive.

„Es ist manchmal nicht einfach, in einer Welt, in der du alles sein kannst. Gib alles nur nicht auf, hol alles aus dir raus. Weil da immer jemand ist, der auf dich baut!“

So habe ich mit dieser einmaligen Frau viele Wanderungen erlebt, die schönsten Abenteuer überstanden und mir gewünscht, diese Zeit würde niemals enden. Wir haben uns die Welt mit unseren eigenen Farben gemalt, sie so zurechtgelegt, dass sie unseren Erwartungen entspricht. Nicht wir haben uns von den Umständen leiten lassen, sondern wir haben uns die Umstände so gelegt, dass es für uns perfekt war.

Leider aber wurde dies von Zeit zu Zeit immer schwieriger. Wir hatten eine Wochenendbeziehung, die aus nicht immer regelmäßigen Treffen bestand. Meist konnten wir uns nur alle 14 Tage sehen, was auf Dauer zu einer wirklichen Belastungsprobe wurde für unsere Beziehung. Ich arbeitete nebenbei noch in der Fabrik und zusätzlich als Finanzdienstleister. Daher waren meine Wochen prallgefüllt und meine Zeit rar. Zudem kam noch die Gründung von Asurfriends hinzu. Das wurde mir irgendwann dann auch zu viel, zudem wollt ich mehr Zeit mit ihr verbringen. Ich wusste, ich müsste an einer Lösung arbeiten, damit ich alles unter einen Hut bringen konnte. Die Lösung offenbarte sich mir dann zunächst als Teilzeitstelle in der Fabrik. Ich beschloss, das Stundenpensum in der Fabrik herunterzufahren und zu bündeln. So hatte ich dann immer eine Woche Fabrikarbeit mit einer folgenden Woche als Finanzdienstleister vor mir. Letzteres konnte ich von jeglichem Ort ausüben, ich war schon sehr viel weiter in der Digitalisierung als meine Kollegen/Innen. Im November 2018 hatte sich dann diese Routine eingependelt. Nun endlich hatte ich wieder mehr Zeit, aber gleichzeitig auch weniger Einkommen! Nachdem ich mir mit der Finanzdienstleistung auch einiges angespart hatte, sah ich darin aber zunächst kein Problem. Zudem erhoffte ich mir auch, dass es nun mit meinem Unternehmen auch bergauf gehen würde und sich schon bald die ersten Umsätze daraus lukrieren ließen. Weit gefehlt! „Der Schuster selbst hat immer noch die schlechtesten Schuhe" – diese Redewendung traf leider genau auf mich zu. Ich hatte meine Finanzplanung lediglich auf 2 Jahre ausgelegt. Zu kurz, wie sich dann herausstellte. Zusätzliche Kosten kamen auf, die das Angesparte schrumpfen ließen, bis davon beinahe nichts mehr übrig war. Mein Kontostand leerte sich, mein Terminkalender im Gegenzug dazu füllte sich. Ich war unglaublich eingespannt mit der Firmengründung, ich verbrachte jede freie Minute entweder mit meiner Freundin, meiner Tochter oder mit meinem Unternehmen. Leider aber war das Verhältnis zwischen dieser Aufteilung vielleicht nicht immer gerecht. Ich hätte unsagbar gerne mehr Zeit mit meiner Freundin verbracht, hätte alles dafür gegeben, wenn ich nur jeden Abend neben ihr einschlafen hätte können. Sie hat sich glänzend mit meiner Tochter verstanden, das war mir auch sehr wichtig und wir waren ein tolles Team. Wie Bonnie und Clyde, scheinbar unaufhaltsam. Scheinbar…

Sie war immer an meiner Seite und hat mich unterstützt und mich bestärkt in meinem Vorhaben. Dabei hatte ich übersehen, wie sehr sie sich eigentlich eine gemeinsame Zeit mit mir wünschen würde. Ich habe ihr Bedürfnis nach einer richtigen Partnerschaft übersehen, die Wochenenden oder in der Teilzeit dann auch Wochen waren nur anfänglich praktisch. Aber das Zugeständnis für unsere Beziehung fehlte. Jenes, das eine Beziehung auf eine solide Basis stellt. Wir haben wundervolle Wochen und Wochenenden miteinander verbracht, aber irgendwann möchte man dann auch mehr als nur die gemeinsame Zeit von Freitag bis Sonntag. Für mich war klar, dass ich irgendwann einmal nach Salzburg ziehen werde – zu ihr und mit ihr. Aber zwischen „sich dessen bewusst sein“ und dieses auch umsetzen, liegen meist

Welten. Während andere Pärchen in unserem Umfeld sich schon klare Ziele setzen in der Beziehung und diese auch gemeinsam abarbeiteten, steckten wir irgendwie immer noch in dieser immer mal ein paar Tage-Beziehung fest. Ich kann verstehen, dass sie irgendwann nicht mehr warten konnte, bis wir den nächsten gemeinsamen Schritt unternehmen wollten. Sie hat sich selbst eine innere Deadline gesetzt, die ich übersehen hatte. So kam es dann, wie es kommen musste und die gemeinsame Zeit war leider abgelaufen.

Danke an Dich!:

Ich konnte es nicht verhindern, dass du gehst. Ich habe es auch zu spät bemerkt, dass ich dir nicht der Partner sein konnte, den du dir gewünscht hattest. Dennoch oder vielleicht gerade deswegen möchte ich mich bei dir aber an dieser Stelle aufs Tiefste bedanken, dass du mit mir diese Zeit und diese Wege gemeinsam gegangen bist! Du hast mich immer wieder aufgefangen, wenn ich einmal gefallen bin, hast mir immer wieder aufgeholfen, mich emporgezogen, wenn ich einmal am Boden lag. Du hast mir beigebracht, wie es sein kann, wenn man aufrichtig und innig liebt, einem Menschen zu hundert Prozent vertrauen kann. Durch dich habe ich das Gefühl kennengelernt, angekommen zu sein, Geborgenheit zu verspüren und Zusammenhalt zu erleben. Ich durfte Liebe in ihrer reinsten Form erleben, zu dir, der Natur und allen Menschen um mich herum. Dein unendlicher Optimismus und deine positive Energie haben mich in den Bann gezogen, genauso wie dein großes Herz und dein strahlendes Lächeln. Vom ersten Moment an, von der ersten Begegnung.

Ich wollte immer an deiner Seite bleiben, nie hätte ich mir träumen lassen, dass unsere gemeinsame Reise durchs Leben einmal ein solches Ende findet. Es tut mir unglaublich leid, dich verloren zu haben, dich gehen lassen zu müssen auf diese Art und Weise. Ich wollte mit dir noch so viel erleben, noch so vieles durchmachen und gemeinsam entdecken. Ich hatte das Gefühl, wir wären unbesiegbar, schlussendlich habe ich aber den emotionalsten Kampf meines Lebens verloren.

Ich möchte dir sagen, dass ich deine Entscheidung verstehe und respektiere, wenngleich es mich auch unglaublich verletzt. Aber ich habe so unendlich tolle Dinge durch dich gelernt, dass ich es mit Worten gar nicht beschreiben kann. Aber das Wichtigste, was du mir mitgegeben hast, ist meine wahre Bestimmung, der Grund warum ich noch auf dieser Welt bin. Ich muss dafür sorgen, die Welt zu verändern, sie ins Positive zu kehren und zu verbessern, wo immer ich auch die Möglichkeit dazu habe. Es gibt so viele Ansätze, die ich aufgreifen und in mein Unternehmen integrieren möchte, die ich ohne dich nicht gesetzt hätte!

Vielleicht klingt es etwas abgedroschen, aber ich bin fest davon überzeugt, dass man sich immer zweimal im Leben begegnet. Wir haben uns nicht zufällig kennengelernt, uns hat das Schicksal zusammengefügt. Was es einmal schon geschafft hat, wird es auch ein zweites Mal schaffen, davon bin ich überzeugt!

Bis dahin möchte ich dir alles Liebe und Gute auf deinem Lebensweg mitgeben. Danke, dass ich dich dabei ein Stück begleiten durfte!

Dein Manuel

„Du schaust mich an, so endlos tief und ich sehe es in deinen Augen. Die Worte gehen, die Stille bleibt. Doch ich halt dich fest, solang ich kann aber keiner hält die Zeiger an, denn man ist niemals bereit. Ich wünschte mir, dass unsere Zeit für immer bleibt.

Doch dieser Moment ist wie ein Kartenhaus und die Zeit zieht ihre Karten raus. Ich schau ihnen zu wie sie zu Boden fallen. Doch ich heb sie auf und halt sie fest, damit mein Herz dich nie vergisst!“

Aus dieser wundervollen Beziehung entspringt mein Grundgedanke, die Welt zu einem besseren und ehrlicherem Ort zu machen. Ich möchte mit meinem Unternehmen den Naturschutz unterstützen. Hat mir doch die Mutter Erde so sehr geholfen und mir unendliche Kraft gegeben und tut es immer noch, so fühle ich mich in ihrer Schuld, ihr etwas davon zurückzugeben. Genauso glaube ich daran, dass ich auch den Menschen etwas zurückgeben kann von meiner Expertise, meinem Erfahrungsschatz und meinen persönlichen Erlebnissen. Ich möchte sie damit unterstützen, wenn es um die Verwaltung ihrer Vermögenswerte geht, damit auch sie einen ehrlichen Ansprechpartner haben, der ihre Bedürfnisse über jene des Kapitalmarktes stellt. Ich möchte eine Einheit herstellen aus Unternehmertum und Menschlichkeit. Fördern wir die Zukunft unserer Kinder, pflanzen wir Bäume dort, wo wir sie all die Jahre schonungslos gerodet hatten. Achten wir gemeinsam auf unseren blauen Planeten, indem wir ihn von unnötigem Papiermüll befreien. Nutzen wir die Technik dafür, damit die Erde wieder etwas atmen kann!

Wir alle machen Fehler. Ob privat oder beruflich. Das ist menschlich und hilft uns, uns weiterzuentwickeln. Daher sollten wir jeden Fehler auch als eine Chance sehen, besser zu werden. Tag für Tag.

Ich musste so viel Mut aufbringen, auf meiner Reise zum

Unternehmer. Aber immer wieder kam ich zum selben Entschluss, zum klaren Ziel:

Ich muss weitermachen, ich werde kämpfen für mein Unternehmen, meine Vision. Immer, wenn mir etwas oder jemand einreden wollte, ich müsste meinen Traum begraben, so habe ich noch stärker daran festgehalten. Unerschütterlich. Wie ein Fels in der tosenden Gischt. Je stürmischer es um mich herum wurde, desto ruhiger und klarer wurde ich in meinem Fokus. Ich habe so vieles bereits überwunden, so viele Steine, die mir in den Weg gelegt wurden, weggerollt. Immer und immer wieder. Wie Sisyphos. Nein, damit höre ich nicht auf! Nicht jetzt und nicht später.

Ich danke auch all meinen neugewonnenen Freuden aus Salzburg, die mich auf meinem Weg begleitet haben, mir zur Seite gestanden sind und immer ein offenes Ohr für mich hatten. Ich durfte viele neue Erkenntnisse daraus mitnehmen und ich werde euch alle vermissen! Aber ihr wisst ja: Man sieht sich immer zweimal im Leben! Darauf hoffe ich und freue mich wahnsinnig, wenn es zu einem späteren Zeitpunkt einmal vielleicht ein Wiedersehen gibt! Bis dahin wünsche auch ich euch von Herzen alles Liebe und Gute und darf mich auch bei euch mit ein paar meiner innigsten Gedanken verabschieden:

„Wir leben kürzer als wir denken, lieben länger als wir wollen, stellen uns auf die größten Berge, malen uns den Himmel wieder neu. Wir lassen um uns alles liegen, folgen nur noch unseren Träumen. Manche Augenblicke werden nur durch uns zu purem Gold“.

WEITER, HÖHER, SCHNELLER – ANTRIEB IM BUSINESS

Ich will zu Beginn dieses Kapitels euch ein paar Fragen beantworten welche eventuell entstanden sind. Ich hatte viele Kredite und Schulden, aber durch meine Tätigkeit als Finanzdienstleister konnte ich durch das Geld welches ich mir neben Fabrik und anderen Jobs verdiente, die Kredite und Darlehen auch tilgen. Heute belastet mich keinerlei Kredit oder private Schulden mehr und ich kann daher den Fokus direkt auf mein Unternehmen lenken. Daher blicke ich zuversichtlich in eine bessere Zukunft für alle Dienstleister und deren Kunden.

Gestärkt durch meine innere Stimme, dessen Umstand ich auch meiner letzten Beziehung zu verdanken hatte, sagte ich irgendwann dann auch zu meinem mittlerweile kleinen Team, dass sie sich keine Sorgen machen sollten, ich würde das schon irgendwie alles meistern. Also trieb ich meine Idee voran und es kam der Zeitpunkt, an dem die Firma auch rechtmäßig gegründet werden sollte. Nur welche Rechtsform war die bessere für uns? Wollen wir eine UG oder eine GmbH? UG kam für mich schon nicht in Frage, denn ich wollte aus verschiedensten Gründen eine Gesellschaft mit beschränkter Haftung also eine GmbH. Einerseits war ich der Meinung, dass eine GmbH viel mehr aussagt als eine UG. Sie hätte eine bessere Außenwirkung, auch bei möglichen Investoren und Partnern. Zweitens – und das ist kein unwesentliches Argument – muss ich nicht ein viertel meines jährlichen Gewinns als Rücklage einbehalten, welches auch für weiteres Wachstum wichtig sein kann und mich nicht bremst. Das waren die beiden Hauptargumente für mich, eine GmbH zu gründen. Ich muss aber an dieser Stelle auch anmerken, dass die Gründung selbst teurer ist als bei einer UG und auch in Gemeinschaft mit mehreren Gründern gerade für Start-ups wahrscheinlich die kostengünstigere Variante darstellt. Also daher mein Rat, wenn man nicht über genügend Kapital verfügt sollte man eine UG gründen den hier reicht ein einzelner Euro um gründen zu können und die Kosten belaufen sich zwischen 200 -350 Euro welche bei der GmbH-Gründung sich meist neben Notar, Handelsregister und Gewerbeanmeldung auf 500-1500 Euro belaufen können. Wir wollten uns dann aber noch professionellen Rat von einem Rechtsanwalt einholen. Natürlich kostete uns das was, aber wir wollten auf Nummer sicher gehen. Tatsächlich wurde uns dann zu einer GmbH geraten und die Rechtsform war somit klar.

Mit dieser Entscheidung fingen aber dann die Diskussionen erst so richtig an. Wer soll nun wie viele Anteile bekommen? Wer ist Geschäftsführer? Fragen über Fragen, die sich ziemlich in die Länge zogen, bis wir hier eine Antwort auf all das hatten. Ich musste mich hier auch ein Stückchen auf meine Teamkollegen verlassen, denn ich war mit der Materie so gar nicht vertraut. Woher sollte ich denn all das Wissen haben? Einige aus meinem Team sind damit schon während ihres Studiums in Berührung gekommen und konnten sich somit wertvoll einbringen. Ich war zudem kein großer Freund von solchen Diskussionen und schon gar nicht, wenn es um die Anteilsaufteilung ging. Ich wollte auch primär eine Idee in die Welt hinaustragen und diese damit verbessern. Mit den vielen bürokratischen Hürden wollte ich mich eigentlich auch gar nicht so herumschlagen. Natürlich gehört das irgendwie dazu zur Firmengründung, aber für mich stand immer meine Vision an erster Stelle. Warum mir dieses Thema so widerstrebte, konnte ich damals auch nicht genau verstehen. Heute dafür erscheint es mir umso klarer! Man will natürlich immer das größte Stück vom Erfolg haben. Immerhin ist es ja seine eigene Idee und dann sollte man schließlich auch die meisten Anteile davon halten. Es missfiel mir, einen möglichen Reichtum und all das Geld dann mit anderen teilen zu müssen, obwohl ich die Idee dazu hatte. Ohne mich würde es „Asurfriends" ja gar nicht geben. Solche Gedanken sind nur mehr als menschlich, aber im Nachhinein betrachtet, nützten einem die Anteile wenig, wenn das Projekt nicht läuft oder keine Umsätze generiert. Wirklich spannend wird dieses Thema also erst, wenn die ersten Geldflüsse auf das Konto kommen. Auch darüber hatte ich mir damals keine Gedanken gemacht und so ließ ich mich auf eine Aufteilung von 50% für mich und jeweils 25% für meine Teammitglieder ein. Das war dann auch in Ordnung für alle.

Diese schwere Entscheidung nun getroffen, fanden wir uns erneut beim Rechtsanwalt ein, denn nun ging es um den Gesellschaftsvertrag. Ein Erstentwurf war schnell aufgesetzt und wenige Zeit später saßen wir auch schon beim Notar, um diesen auch beglaubigen zu lassen und unser aller Unterschriften zu leisten.

Ein wirklich wichtiger Schritt im Leben eines Unternehmers, denn nun nimmt das ganze Unternehmertum offiziellen Charakter an. Man redet nicht nur darüber oder holt sich – einstweilen noch – belanglose Angebote von möglichen Firmen ein, sondern nun wird es ernst! Ich merkte schon beim Hinaufgehen der Stufen zum Notar, dass mich dieser Termin ganz und gar nicht kalt ließ. Ich war sehr nervös, obwohl ich mein Team an meiner Seite hatte. Ich fühlte mich wie kurz vor einer Prüfung, bei der ich nicht genau wusste, ob ich sie nun bestehen würde und welche Note am Ende rauskommen sollte. Als wir dann endlich im Besprechungszimmer angekommen waren, am großen Tisch Platz nahmen und der Notar sich unser Dokument laut durchlas, wollte ich einfach nur mehr unterschreiben. Ich wollte diesen Termin so schnell wie nur möglich hinter mich bringen, um endlich loslegen zu können mit meinem Business! Meine innere Stimme meldete sich wieder zu Wort:

„Unterzeichne das Ding und gut ist, Manuel!"

Ich schenkte ihr abermals mein volles Vertrauen, immerhin hatte sie mir in der Vergangenheit bereits gute Dienste geleistet. Wir unterschrieben also alle mir zittriger Hand den Vertrag und hatten nun unsere Gesellschaft offiziell in Gründung. Nur in Gründung deswegen, weil wir noch das Stammkapital von 12.500 € auf ein Firmenkonto einzahlen mussten.

Also war unser nächster Weg am Tag darauf geradewegs in die Bank, um ein Firmenkonto zu eröffnen. Das Stammkapital floss dann zur Gänze von meinem Geld in die Firma. Aber das war auch in Ordnung, denn meine Teamkollegen übernahmen dann Programmierung und Entwicklung komplett. Diese Aspekte hätten mich deutlich mehr gekostet als die 12,5 tausend Euro. Mit der Überweisungsbestätigung in der Hand eilte ich abermals zum Notar. Die

„Asurfriends GmbH“ war nun offiziell gegründet!

Der nächste Meilenstein geschafft, dachte ich mir. Offiziell nun Unternehmer mit eigener Firma. Nun kann es nur mehr bergauf gehen – so dachte ich zumindest.

ALLER ANFANG IST SCHWER – JENER DES UNTERNEHMERS UMSO MEHR!

Mit der Firmengründung fingen dann aber die vielen Unsicherheiten, Rückschläge und Probleme erst richtig an. Ganz ehrlich, ich hatte absolut keine Ahnung, was auf mich zukommen würde und habe natürlich folglich einige Fehler gemacht, gerade in den Anfängen. Immer wieder bekam ich zu hören, dass man aber auch Fehler machen muss, um aus ihnen zu lernen. Das würde eben einen guten Unternehmer ausmachen, der nun wisse, wie man an eine Gründung herangehen sollte. Ist das denn wirklich so? Muss man zunächst ins offene Messer rennen, um danach den perfekten Schliff und Schnitt zu haben? Geht es denn nicht auch gleich von Beginn an anders?

Hier sage ich klar und deutlich, JA es geht auch anders. Ich will jungen Menschen helfen, nicht in dieselben Fehlerquellen zu treten, wie ich es tat. Ich weiß nun, wie es funktioniert und wovon ich spreche. Und dieses Wissen möchte ich jungen Unternehmern/Innen mit einer zündenden Idee gerne mit auf den Weg geben. Oftmals wurde ich unnötig aufgehalten auf meinem Weg, drehte eine doppelte Schleife oder gelangte in eine Sackgasse, musste rückwärts wieder hinaus und einen anderen Weg einschlagen. Ein langer und mühsamer Lernprozess, der mich nicht nur eine Menge verbranntes Geld gekostet hat, sondern auch Unmengen an Zeitreserven, die ich sinnvoller nutzen hätte können. Ich bin oft gefallen und wieder aufgestanden. Aus eigener Kraft heraus, ich war immer meine größte Motivation.

Und diese sollte dann eines Tages auch belohnt werden. Es kam ein heißersehnter Anruf eines Unternehmens – nach gefühlten tausend Gesprächen, die allesamt im Sand verlaufen sind. Aber dieser eine Anruf hat gereicht, unsere Idee war dort angekommen, wo wir sie positionieren wollten. Das Unternehmen lud uns zu einem persönlichen Gespräch ein. Ein wahrlich großer Moment, denn das Maklerunternehmen war kein unbedeutendes! Aber hierzu fehlte uns nun ein wichtiger Schritt: Ein Prototyp. Dieser musste unbedingt fertig programmiert werden, bevor wir bei diesem Maklerunternehmen mit unserem Business vorstellig werden konnten. Ich persönlich habe absolut wenig Ahnung von Programmierung. In unzähligen Selbststudien habe ich zwar versucht, mir hier zumindest etwas Wissen anzueignen, aber meine Möglichkeiten waren hier sehr beschränkt. Also musste ich diesen Part meinen Teamkollegen überlassen und auf ihr Wissen und Können vertrauen. Beide sind wirklich absolut fit in diesem Bereich und verstehen die Programmiersprache, die für mich ein besseres Latein darstellt. Sie stürzten sich in die Arbeit und entwickelten den Prototypen auf einem Iphone. Als ich den erlösenden Anruf bekam, dass der Testdummy nun tatsächlich fertig sei, war ich so stolz auf mein Team und überglücklich. Meine Idee war nun wahrhaftig digital umgesetzt worden. Ich konnte es kaum erwarten, zu einen der beiden nach Hause zu fahren, um es mit eigenen Augen zu sehen. Also machte ich mich sofort auf den Weg und wollte mich von dem Testdummy überzeugen. Es war beinahe so, als ob ich mich gerade auf den Weg zu meiner großen Liebe machen würde, die ich seit Ewigkeiten nicht mehr gesehen hatte und nun endlich wieder in die Arme schließen konnte. Ja, Unternehmertum schließt auch diese Gefühle mit ein. Dort angekommen, öffnete er mir dann die Türe und, bevor ich es versah, bekam ich schon das Iphone in die Hand gedrückt. Sogleich fiel mein erwartungsvoller Blick auf das Display, entdeckte den Login-Bildschirm und aus mir sprudelte es einfach nur so heraus: "Geil, geil und nochmals geil! Das ist der pure Wahnsinn, wie habt ihr das in so kurzer Zeit nur geschafft?"

Ich war im siebten Himmel, schwebend auf Wolke 7. Grinsend erwiderten mir die beiden dann nur, dass sie schließlich Entwickler wären und es ihre Aufgabe sei. Es würde ihnen einfach liegen. Wahrlich, da hatten sie recht. Ich musste mich dann selbst von der App überzeugen, wollte ihre Funktionen kennenlernen, ihr Design bewundern und ihr Menü testen. Auch wenn es sich bisweilen nur um einen Prototypen handelte, so war ich bereits felsenfest davon überzeugt, dass diese App das Maklerunternehmen bereits überzeugen würde. Woher ich diese Gewissheit hatte? Meine innere Stimme.... Ihr erinnert euch?

Ich hatte ein unendlich befriedigendes Gefühl, nun endlich etwas geschafft zu haben. All die Mühen, die Sorgen, die Zeit, die wir reingesteckt hatten, waren nun abgegolten. Es konnte losgehen. Wir waren nun endlich am Ziel unserer langen und steinigen Reise im Unternehmertum! Oder etwa nicht?! Am nächsten Tag sollte dann auch schon das persönliche Gespräch stattfinden, indem wir unseren Prototypen präsentieren durften. Ich dachte, von diesem Termin würde nun alles abhängen. Er wäre bahnbrechend und richtungsweisend für uns. Ja, das stimmte letztlich dann auch, aber in einer anderen Art und Weise, wie ich es ursprünglich dachte. . .

Der Empfang war sehr herzlich, man schenkte uns die Aufmerksamkeit, die wir uns nach all der harten Zeit auch verdient hatten. Noch bevor uns die Türe geöffnet wurde, war mir klar, so ein Unternehmen möchte ich auch einmal aufbauen! Nichts ist unmöglich. Gar nichts. Und dass es einfach werden würde, hatte ja keiner behauptet. So ehrlich muss man dann auch zu sich selbst sein. Außer natürlich man redet es sich ein, hat diese festgefahrenen Glaubenssätze, die einem von anderen quasi indoktriniert werden. Wenn man nur auf andere hört, dann realisiert man deren Träume, aber nicht die eigenen!

So saßen wir also in dem Besprechungsraum und „pitchten" unsere Idee. Wir unterstrichen unsere Präsentation mit akribisch ausgearbeiteten Folien und stellten schließlich auch den Dummy am Handy vor. Man verfolgte unsere Präsentation mit größter Neugierde und stellte uns dann sogleich auch eine ganze Reihe an Fragen auf diese wir ehrlicherweise nicht immer gleich die richtige Antwort parat hatten. Die Reaktion des Unternehmens auf unsere Idee war nicht schlecht, aber auch nicht gerade gut. Man hatte allerdings von uns verlangt, dass wir das Ganze auf ihre Bedürfnisse anpassen müssten. Die App sollte quasi auf ihr Unternehmen zugeschnitten werden und somit könnten wir wieder nur eine Zielgruppe bespielen. Genau das war ja gerade nicht die Idee meiner Erfindung. Sie sollte unabhängig bleiben und die Kundenbedürfnisse in den Fokus stellen, nicht jene eines Unternehmens. Also sagten wir vorerst, dass wir uns das erst durch den Kopf gehen lassen müssten und verabschiedeten uns.

Im Zug am Nachhauseweg diskutierten wir angeregt über diese Erfahrung, jeder tat seine Meinung kund. Wir kamen zu allerlei möglichen Schlüssen, bis aber schließlich ein Kollege meinte, ob wir das nicht einfach lassen könnten?! Sogleich zog sich in mir eine riesige Gewitterwolke auf, die eine Unmenge an Zorn und Groll in ihrem Inneren trug. Sie entleerte sich sogleich stoßartig und ich fing an bitterlich zu weinen! Mir war klar, dass ich es ohne meine Teamkollegen und Programmierer nicht schaffen würde. War die Blase nun endgültig geplatzt? Ist es schneller wieder vorbei als gedacht? Noch bevor es so richtig begonnen hatte, sollte es schon wieder aus sein? Mein Traum schien vor meinen Augen zu bröckeln, wie eine alte Fassade, deren farbenfrohes Kunstwerk man soeben noch bewundert hatte, aber kaum würde man sie berühren, so zerbricht der Mörtel in tausend kleine Teilchen…

Wie soll es nun weitergehen? Werde ich wieder Partner finden? Wer soll die Entwicklung und die Programmierung nun vorantreiben?

Ich war wieder am Anfang. Auf meinem Sofa, mein Brainstorming. Ich suchte erneut nach Möglichkeiten, um wieder Kurs aufzunehmen.

Irgendetwas in mir sagte, ich sollte dranbleiben und nicht aufgeben. Vielleicht wieder meine innere Stimme? Ihr seht, sie leistete mir hervorragende Dienste! Ganz im Gegensatz zu meinen Businesscoachs im Übrigen. Sie reden einem ein, immer hinter einem zu stehen und immer wieder dafür zu sorgen, dass man seinen Fokus nicht verliert. Aber dabei lassen sie sich dann oftmals nicht mehr blicken. Nach einigen bezahlten Rechnungen konnte ich auf meinen Coach nicht mehr hoffen, er war wie vom Erdboden verschluckt und ich musste dann auch noch feststellen, dass ich einem Betrüger aufgesessen war. Noch so eine Erfahrung, auf die ich gut und gerne verzichten hätte können!

Das sollte den Kunden bei meiner App nicht passieren. Sie sollten immer gut beraten sein, stets den besten Ansprechpartner an ihrer Seite wissen und für jedes Bedürfnis soll es einen Anknüpfungspunkt geben! Ich wusste wieder einmal erneut, wie wichtig es ist, Kundenbedürfnisse in den Vordergrund zu stellen. Also wollte ich weiter machen, immer weiter, bis ich mein Ziel schließlich erreicht haben werde! Noch ein kleiner Tipp hier an dieser Stelle: Ohne Kapital ist natürlich alles schwieriger, aber man muss groß denken, um noch Größeres zu erreichen. Man muss immer mehrere Schritte vorausdenken und mit den Gedanken sehr viel weiter sein, als es die aktuelle Situation gerade hergibt. An dieser Stelle kann ich nur einen wundervollen Buchtipp abgeben: „Denken Sie groß“ von David J. Schwartz. Unbedingt lesen, Prädikat empfehlenswert! Ich hänge übrigens am Ende meines Buches eine Literaturliste an von wertvollen Ratgebern bis zu beinahe Pflichtlektüren für angehende Unternehmer/Innen, zumindest was das Mindset und die Persönlichkeitsentwicklung betreffen. Diese Werke haben auch mir sehr viel geholfen und daher möchte ich diese als kleine Hilfestellung weitergeben!

Meine Erlebnisse in dieser Zeit gipfelten dann schlussendlich aber nicht nur in der Niederlage bei dem Maklerunternehmen, dem Zerfall meines ursprünglichen Teams und der Bekanntschaft mit dem Betrüger in der Coachingszene. Tatsächlich ging es noch einen Schritt weiter. Einen großen, schmerzhaften Schritt, um ehrlich zu sein.

Ich musste später leider die Erfahrung machen, dass der Termin bei dem Maklerunternehmen primär nur darauf aufgebaut war, unsere Idee abzuhören. Man wollte uns das Konzept entlocken, um daraus vielleicht selbst etwas Passendes für den eigenen Kundenstock zu schneidern. Da kommen ein paar junge, naive Gründer mit großen Plänen und einer noch größeren Vision scheinbar gerade recht!

Aber am meisten verletzte mich dann auch noch, als Funktionen aus unserem Konzept übernommen wurden, die zuvor an unserer Präsentation kritisiert worden waren. Natürlich in leicht abgewandelter Form, aber immerhin. Zum Glück aber hatten wir nicht die komplette App an diesem Termin vorgestellt und unsere Idee nicht zur Gänze enthüllt. Ich kann aber heute nicht mehr sagen, ob es tatsächlich eine Eingebung war – vielleicht hatten wir so etwas schon im Gespür – oder aber ob es Zufall war - oder wir einfach etwas vergessen hatten in unserer Nervosität und Euphorie. Nein, wahrscheinlich war es wirklich eine Vorahnung, denn ein Tag vor unserem Termin beim Maklerunternehmen, hatten wir tatsächlich ein ähnliches Produkt wie unseres auf der Website dieses Unternehmens gefunden. Das kam uns dann schon etwas seltsam vor, dieser zeitliche Zusammenhang. Vielleicht wollte sich das Unternehmen dadurch auch absichern, um sagen zu können, sie hätten keinerlei geistiges Eigentum von uns geklaut – sie hätten es ja schon vor unserem Pitch auf ihrer Homepage publik gemacht. Ja, das könnte natürlich sehr gut möglich sein, warum auch sonst sollten sie das ausgerechnet einen Tag vor unserem Pitch hochladen?

Wie sich dann auch herausgestellt hatte, wollten sie keine vollumfängliche Verschwiegenheitserklärung unterzeichnen. Somit waren wir von vornherein auf der Hut und gaben nicht alles preis. Daher wieder ein Tipp an dieser Stelle! Unbedingt vor Präsentation ein NDA (Non-disclosure agreement) unterzeichnen lassen. You never know…

Zusammenfassend kann ich also sagen, dass es diese Zeit wirklich in sich hatte für mich. Nicht nur, dass ich so viele negative Erlebnisse machen durfte, wie zu keinem anderen Zeitpunkt zuvor, sondern auch schien es mir die Grundlage zu nehmen, für alles, wofür ich in den letzten Jahren so hart gekämpft hatte.

Mein Team ließ mich im Stich, Zahlungen waren ausständig, die ich nicht wusste, wie ich diese regeln sollte. Hinzu kam die abgekupferte Idee unserer App und obendrein dann auch noch das Scheitern meiner Beziehung mit der Frau, für die ich bis ans Ende der Welt gegangen wäre. Nun schien ich beinahe am selbigen angekommen zu sein…

Mich verließ der Glaube an mich selbst. Ich musste von vorne beginnen. Mit allem. Nicht einen Schritt zurückgehen, sondern von Null starten. Von meiner ursprünglichen Idee ist nicht viel geblieben, außer ein riesiges Loch in meiner Geldbörse – Ja in der Geldbörse, und nicht über Kredite. Ich musste also wieder sparen um weiter zu machen. Ich fiel wieder in alte Muster zurück, weinte viel und konnte mich selbst nicht mehr am Leben erfreuen. Zudem kamen dann noch abermals Depressionen hinzu, die es mir gerade nicht einfacher gemacht hatten, mich wieder von Grund auf zu motivieren. Wofür mache ich das alles eigentlich? Lohnt es sich wirklich? Wie oft bin ich nun hingefallen? Wie viele blaue Flecken verträgt mein Unternehmensherz noch?

Aber – ich wäre nicht ich – wenn ich mich auch dieses Mal nicht wieder aufgerafft und zusammengerissen hätte!

Auf meine innere Stimme ist eben verlass: „Nein Manuel, du bist jetzt schon so weit gekommen. Du hast bereits eine Demoapplikation zum Vorzeigen und du kannst die Liebe zu deinem Projekt vorweisen. Du hast schon so viel geklärt, was eigentlich in so kurzer Zeit gar nicht machbar gewesen wäre. Die Grundbasis ist da, es ist nicht alles verloren! Gib jetzt nicht auf!"

In all der Zeit wusste ich immer, wo ich hin möchte. Ich wusste jedoch auch, dass der Weg dorthin nicht leicht wird.

So kam es dann auch gerade in jener Zeit zu einer meiner größten Wenden, als ich dachte, festgefroren zu sein in meinem privaten als auch in meinem beruflichen Leben.

Die Wende formuliere ich in einen Satz und erzähl euch dazu mehr:

„Wenn sich die eine Tür schließt, öffnet sich die andere!"

Über viele Telefonate aus dem Netzwerk und einem weiteren gewonnen Wettbewerb lernte ich dann meine Partner, meine Coaches und somit gleichzeitig auch meine Investoren kennen. Ich war überaus erleichtert und zufrieden, dass es nun endlich geklappt hatte und ich die dringend benötigten Investments nun in der Tasche hatte.

„Endlich hat es geklappt!“. Ich konnte mein Glück kaum fassen und wenn ich ehrlich bin, dachte in diesem Moment, ich würde träumen. Endlich konnte ich Angebote, die ich anfänglich eingeholt hatte, aber noch nicht bezahlen konnte, dann in die Tat umsetzen. Ein befreiendes Gefühl, wenn man merkt, es hält einem nicht mehr die finanzielle Durststrecke von seinen Träumen ab. Wir arbeiteten dazu natürlich viel aus und konnten so auch unsere Rentabilitätsvorschau für uns sprechen lassen und die Risikoanalyse fiel auch positiv für uns aus. Es gab also soweit nichts mehr, was uns hätte aufhalten können – so dachte ich zumindest wieder einmal. Bevor es jedoch richtig losgehen konnte und wir unser Konzept auf verschiedenen Plattformen preisgeben durften, musste natürlich auch ein passender Image – oder Missionsfilm her, welcher dem Zuschauer erklärt, wie und was wir vorhaben. So setzte ich mich mit einer guten Freundin und ebenfalls Unternehmerin von früher in Verbindung, welche eine erfolgreiche Filmproduzentin ist, um einen Termin zu vereinbaren.

Ich wollte mich mit ihr einmal unverbindlich austauschen und mir anhören, was es denn für Möglichkeiten gäbe. Zudem wollte ich auch ihre Expertise wissen, was sie mir raten würde und wie dieser Film denn aussehen könnte, damit er genau das schafft, wofür er eigentlich gedacht war:

Menschen für unsere Idee zu begeistern!

So telefonierten wir erst einmal kurz, um den Stand der Dinge zu erfahren und vereinbarten dann einen Termin. Bei diesem Termin wurde mir dann aber ganz schnell klar, dass das Filmmachen doch aufwendiger wird als anfangs gedacht. Da gehört schon so einiges dazu. Es fängt an bei einem Drehbuch, das zuerst geboren und dann niedergeschrieben werden muss, und hört irgendwann beim Final Cut auf. Das Drehbuch zu schreiben klingt nun vielleicht nach einer eher banalen Aufgabe, aber das war sie ganz und gar nicht. So hatte ich in diesem Punkt meine ersten kleineren Probleme bei der direkten Umsetzung – gut Ding will eben Weile haben. Aber nach ein paar Versuchen hat es dann auch ganz gut geklappt. Wie ihr euch also bestimmt vorstellen könnt, geht nicht immer alles gleich auf Anhieb und deswegen sagte ich in vorherigen Kapiteln immer wieder, dass ihr an euch glauben müsst und auch bereit sein müsst, etwas Neues aufzunehmen und es auszuarbeiten. Ihr schafft das, da bin ich mir sicher!

Dieser Weg führte mich dann auch geradewegs zum Verfassen meines Buches, auf das ich übrigens mächtig stolz bin und noch stolzer wäre ich, wenn ich euch damit helfen konnte.

Somit schien also alles die geplante Richtung einzuschlagen – genauso, wie ich es geplant hatte. Mein Schicksal schien es gut mit mir zu meinen und so fügte sich ein Erfolgserlebnis nach dem anderen. Ich bekam ganz plötzlich ein Jobangebot in Salzburg, wobei ich doch dieses schon vor Monaten gebraucht hätte. Damals aber ließ es vergebens auf sich warten. Scheinbar wollte mich mein Glück nicht von meinem Weg abbringen, sodass ich vielleicht durch die Annahme des Jobangebots von der Bahn abgekommen wäre. Wenn ich es angenommen hätte, dann wäre zumindest meine Beziehung gerettet gewesen. Aber selbst dafür kam es leider reichlich zu spät.

Hier fragt man sich also nach dem WARUM. Warum konnte das Angebot nicht früher kommen? Und warum ausgerechnet jetzt in diesem Moment, bei dem ich meine volle Konzentration und Aufmerksamkeit auf mein Unternehmen richten muss. All das sind Fragen, auf die ich keine Antwort weiß - leider in vielen Bereichen. Aber es kommt, wie es kommen muss und ich hoffe, das Beste kommt dann zum Schluss.

Wie vorhin erwähnt konnte ich bei einem weiteren Wettbewerb die Jury und Investoren von meinem Unternehmen und den Vorhaben von asurfriends begeistern und machte den ersten Platz von zwanzig Start-Ups in Süd-Deutschland. Durch diesen Wettbewerb wendete sich das Blatt also wieder und ich konnte Investoren für mich gewinnen, einen ausgezeichneten Berater und Coach finden. Schlussendlich war es wieder das Netzwerken was mich dahin geführt hat wo ich schon so lange sein wollte. Zum besten Team!

Vielen dank an euch, und auf weitere gute Zusammenarbeit.

Es geht also in die richtige Richtung. Tatsächlich ist das der aktuelle Stand, an dem ich mich gerade befinde und hier wollte ich meine Geschichte vorerst schließen. Vielleicht hört ihr also in Zukunft noch mehr von mir – und das nicht nur über mein Leben, sondern auch über meine Passion…Ich nehme euch gerne mit auf meine Reise und werde euch stets ein offenes Ohr anbieten, wenn ihr über etwas sprechen wollt und jemanden zum Reden brauchen solltet. Ich bin da. Solltet ihr mich suchen werdet ihr bestimmt in sozialen Medien fündig. Ich freu mich drauf!

Aufgeben? Niemals!
Glaub mir, nichts schlägt härter zu als das Leben, sogar aus dem Dreck wachsen Pflanzen dem Himmel noch entgegen, und die einzig wahre Regel für Erfolg liegt bei dir selbst! Man muss nur einmal öfter aufstehen, als man fällt. Denn wir selbst sind oft der beste Beweis, der uns fehlt, wie verdammt weit wir bereit sein können zu gehen.

Selbst, wenn das Schicksal mich trifft, mit seinem härtesten Schlag, besiegt es mich nie wieder und nie wieder heißt nicht mal an meinem schlechtesten Tag!

LEITFADEN ZUM ERFOLGREICHEN GRÜNDEN

Wie versprochen möchte ich hier aufzeigen, welche Schritte und Überlegungen gemacht werden müssen, wenn ein Unternehmen gegründet werden soll. Ich möchte alle damit ermutigen, den Ideen nachzugehen und sie zu verwirklichen. Ob mit dreifachem Studienabschluss, einem Haupt- oder Lehrabschluss, ob in jungen Jahren oder mit einiger Erfahrung auf dem Rücken. Der perfekte Zeitpunkt für seine Träume und Ziele ist ganz einfach: JETZT!

1.) Persönlichkeit & Mindset

Wer bin ich und wo möchte ich hin? Möchtet ihr euer eigener Chef sein, weil ihr euch in eurer aktuellen Arbeitssituation nicht wohlfühlt? Möchtet ihr einen Ausweg finden aus dem ewigen Hamsterrad ohne Wertschätzung und Selbstbestimmung? Vielleicht möchtet ihr aber auch einfach euer Hobby zum Beruf machen und mit dieser Passion Geld verdienen? Im besten Falle ist es eine Mischung aus allem. Aber eines muss ich euch gleich vorwegnehmen: Als eigener Chef seid ihr immer auf euch selbst gestellt. So können aus 40 Stunden schon einmal gut und gerne 80 werden die Woche. Dessen müsst ihr euch bewusst sein. Wenn es dann einmal läuft, dann baut ein Unternehmer seine Firma von außen auf. Sprich, er muss dann nicht immer im operativen Tagesgeschäft dabei sein. Bis es allerdings einmal so weit ist, fällt jede Menge Arbeit an, die es nicht zu unterschätzen gilt. Seid ihr an dem Punkt angekommen, an dem ihr euch Angestellte leisten könnt, so arbeitet dennoch weiter an eurem Unternehmen und an eurer Idee. Hört niemals auf zu wachsen und kontinuierlich an eurem Unternehmen zu arbeiten. Seht ihr euch in der Rolle des Unternehmers?

2.) Idee und Konzeption

Von den vielen, unsortierten Gedanken, die uns tagtäglich durch den Kopf gehen, gilt es nun ein pitchreifes Gesamtkonzept zu entwerfen. Wie oft habt ihr euch schon die Frage gestellt, ob ihr aus eurem Einfall, der euch gerade in den Sinn gekommen ist, auch Kapital schlagen könnt? Bestimmt schon sehr oft. Daher ist es wichtig, alles festzuhalten und aufzuschreiben. Jeden Tag aufs Neue. So habt ihr schon einmal alle Stichwörter und Gedankengänge hierzu festgehalten. Aus all diesen losen Wörtern könnt ihr dann ein Konzept entwickeln. Wo sind eure Stärken und was wollt ihr mit eurer Idee verändern oder erreichen? Wie ist eure Zielgruppe und was hat diese für Ansprüche und Vorstellungen? Geht zuerst auf Menschen in eurem Familien- und Freundeskreis zu. Versucht diese mit eurer Passion zu begeistern, mit eurer Idee zu fesseln und durch Leidenschaft zu überzeugen! So stärkt ihr zunächst euer Mindset, indem ihr positive Erfolge und Rückmeldungen verzeichnet. Geht erst in einem nächsten Schritt auf fremde Personen zu und beobachtet, wie eure Idee ankommt. Von ihnen erhaltet ihr wertvollen und objektiven Input – auch Kritiken, die euch vielleicht nicht auf Anhieb gefallen werden. Baut hierzu am besten ein Netzwerk auf, zum Beispiel auf LinkedIn und startet hier den Austausch.

3.) Netzwerken

Das ist ein sehr wichtiger Punkt im Unternehmertum! Nehmt dazu alle möglichen Plattformen war, die ihr dafür kennt. Überall könnt ihr dort tolle Meinungen erhaschen, neue Ideen entdecken oder auch zu den richtigen Ansprechpartnern finden – egal ob zukünftige Partner oder Unternehmen. Im weiteren Schritt helfen dann auch Gründungsberatungen erheblich weiter und sind sehr empfehlenswert, gerade wenn man so wie ich ganz am Anfang steht und recht wenig Ahnung von alledem hat.

4.) Teammitglieder finden

Das ist ein sehr wichtiger und zugleich auch äußerst heikler Punkt. Bitte denkt daran, ohne Verschwiegenheitserklärung eure Ideen nicht preiszugeben. Vor allem, wenn ihr eure Idee bei großen Unternehmen vorstellt, die einiges an Kapital im Rücken haben. Start-ups werden gut und gerne ausgehört, um ihnen danach zu vermitteln, der Gedanke sei nicht ganz so toll. Lässt man sich dann davon unterkriegen, haben sie im Handumdrehen die Idee kopiert. Daher nicht zu voreilig sein, geht nicht zu naiv an die Sache heran und nehmt euch vor allzu schnellen Zusagen für Einladungen zum Pitch in Acht. Ihr werdet viele Absagen bekommen und viele Niederlagen einstecken müssen. Das ist normal und gehört zum Unternehmertun dazu! Nehmt euch negatives Feedback nicht allzu sehr zu Herzen, aber ernst genug, um an eurer Idee weiter zu feilen und sie zu verbessern. Mein Tipp an dieser Stelle: Holt euch einen Berater, der mit euch viele Dinge durchgeht und euch wichtige Inputs liefern kann. Baut euch dann ein Team aus Menschen zusammen, die an euch und die Vision dahinter glauben. Macht nicht den Fehler und nehmt jede Zusammenarbeit an. Das habt ihr nicht nötig! Sagt nur denjenigen zu, die wirklich auch ehrlich an die Idee dahinter glauben.

Selektion ist hier das Credo!

5.) Kosten analysieren

Macht euch von Anfang an eine Auflistung an Kosten, die anfallen werden, in jeder Phase der Unternehmensgründung. Holt euch unterschiedliche Angebote ein und prüft diese genau. Überlegt, was an eurem aktuellen Stand gerade sinnvoll ist und ob es euer Budget zulässt. Arbeitet einen ausführlichen Fahrplan aus, der auch die möglichen Geldrückflüsse, die durch eure Tätigkeiten kommen, berücksichtigt – Stichwort Rentabilitätsvorschau. Ich habe hier so viele Fehler gemacht, das möchte ich euch ersparen.

Und noch ein persönlicher Tipp, wenn einmal nicht alles so gut läuft, wie geplant: stellt euch immer wieder vor, dass in Zukunft alles besser und schöner wird. Es ist alles nur temporär, auch diese Phase wird vorübergehen. Das gibt euch Kraft und hilft euch, den Fokus nicht zu verlieren. Arbeitet nebenbei, um eure persönlichen Fixkosten zu decken. Das gibt euch zusätzlich Sicherheit.

6.) Puffer schaffen

Solltet ihr Punkt 5 beherzigt haben, so steht euer finanzieller Fahrplan bereits. Nun ist es wichtig, sich auch einen Puffer zu schaffen, also finanzielle Rücklagen für nicht eingeplante Investitionen oder Ausgaben. Glaubt mir, diese können zu jedem Zeitpunkt auf euch zukommen!

Abgesehen davon ist es auch eine Art Sicherheit für euch und wird euch vor allem psychisch den Druck nehmen. Ihr werdet noch genug Druck bekommen von allen Seiten, daher achtet darauf, dass ihr ihn euch nicht auch noch selbst produziert. In diesem Punkt können mich sicherlich sehr viele Gründer sehr gut verstehen!

7.) Businessplan erstellen

Ein Businessplan ist die Landkarte für den Seefahrer. Ohne ihn seid ihr relativ schnell verloren also arbeitet diesen gut aus und lasst euch gegebenenfalls auch von einem guten Berater oder Coach unterstützen. Natürlich könnt ihr euch alles in mühevoller Kleinstarbeit selbst zusammensuchen. Wenn ihr aber diese Zeit nicht habt, dann ist hier ein Berater tatsächlich Gold wert. Es gibt auch genügend Förderungen oder Gründerberatungen, die übernommen werden. Das kann auch eine enorme Hilfe sein. Nehmt diese an, wann immer ihr sie kriegen könnt! Es hilft sehr viel Zeit und auch Geld zu sparen.

8.) Förderungen, Hilfen & Zuschüsse

Nutzt hier alle Informationen, die ihr besorgen und jegliche Zuschüsse und Förderungen, die ihr erhalten könnt. Ein guter Berater wird euch dabei unterstützen – meist sind diese Anträge ziemlich undurchsichtig und für einen Laien kaum verständlich. Ärgert euch darüber nicht und macht euch bloß nichts daraus. Das liegt gar nicht an euch, denn es geht fast allen gleich. Daher mein dringender Appell an alle Förderstellen und Anlaufpunkte: Macht es bitte einfacher, verständlicher und nehmt jungen Start-ups ein paar bürokratische Hürden ab. Danke!

Lernt aber auch, diese Anträge zu verstehen und in Zukunft selbst auszufüllen.

9.) Gründung

Habt ihr alle vorhin erwähnten Aspekte berücksichtig, so sollte einer Gründung nun nichts mehr im Wege stehen.

Die erste Frage ist bestimmt jene nach der Rechtsform. Wollt ihr hier ein Statement setzen, dann ist die GmbH die richtige Wahl. Jedoch ist deren Gründung aufwendiger und komplizierter, und fordert auch das nötige Startkapital. Anfangs sind hier einige Verträge und Zahlungen zu tätigen, bevor hier operativ gearbeitet werden kann. Nehmt euch einen sehr guten Steuerberater, gerade wenn ihr an eine GmbH denkt. Dieser kann aber Fluch und Segen gleichzeitig sein, denn er ist mit gewichtigen Kosten verbunden. Wenn ihr der Meinung seid, dass nach der Gründung hier keinerlei Folgekosten anfallen, dann muss ich euch leider enttäuschen, denn: Hier geht der Spaß erst richtig los. Rechnungen von Ämtern und Behördengängen, der doppelten Buchhaltung, usw. Das ist wahrscheinlich auch der häufigste Grund, warum Start-ups so rasch nach Gründung

scheitern: Sie haben die Folgekosten nicht miteinkalkuliert.

Also wie schon erwähnt ist für eine Gründung einer Kapitalgesellschaft vorerst wichtig wieviel Geld ihr zur Verfügung habt. Eine UG ist wie erwähnt ebenfalls eine Kapitalgesellschaft welche auch mit wenig Geld gegründet werden kann. Sollte es sich bei Gründung einer GmbH um mehrere Gesellschafter handeln, dann teilt die Anteile je nach eingebrachten Kapital auf.

Mein abschließender Tipp:

Gebt niemals auf! Egal, wie viel Kritik ihr ernten und auf wie viel taube Ohren ihr mit eurem Konzept stoßen werdet oder wie viel Niederlagen ihr einfahren müsst. Bleibt eurer Idee, eurer Mission und Unternehmensvision treu! Lasst euch niemals vom Weg abbringen und glaubt immer an euch. Denn ihr seid die Einzigen, die immer an euch glauben werden! Selbst wenn es andere nicht tun, so glaubt zumindest ihr an euch und macht immer weiter. Denkt an den Bergesgipfel. Ihr steht am Fuße eines mächtigen Bergmassives, das es zu erklimmen gilt. Aber: Die Aussicht, die auf euch wartet, wenn ihr einmal angekommen seid, entschädigt euch für alle Mühen und Anstrengungen auf dem steinigen Weg bis ganz nach oben.

Vergesst dabei nicht: keiner ist als Bergsteiger auf die Welt gekommen! Jeder hat denselben Weg vor sich!

MEINE PERSÖNLICHE LESELISTE

1. Rich Dad, Poor Dad - Robert Kiyosaki
2. Cashflow Quadrant - Robert Kiyosaki
3. Investment Guide - Robert Kiyosaki
4. Denken Sie Groß- David Schwartz
5. Der Weg zum erfolgreichen Unternehmer - Stefan Merath
6. Machen! - Hubertus Bessau, Philipp Kraiss und Max Wittrock
7. InvestmentPunk - Gerald Hörhan
8. Das Feierabend StartUp - Erik Renk
9. Kopf schlägt Kapital - Günter Faltin
10. Ich bin raus - Robert Wringham
11. Der Weg zur finanziellen Freiheit - Bodo Schäfer
12. Die Gesetze der Gewinner - Bodo Schäfer
13. Entscheidung Erfolg - Dirk Kreuter
14. Was ich meinem 18-jährigen Ich raten würde - Dirk Kreuter
15. Denke nach und werde reich - Die Erfolgsgesetze –
16. Napoleon Hill
17. Der Weg - Wenn Gott dir eine zweite Chance gibt –
18. William P. Young
19. Neun Tage Unendlichkeit - Anke Evertz